JN016036

人と森の環境学

井上　真　　酒井秀夫　　下村彰男
白石則彦　　鈴木雅一

東京大学出版会

An Introduction to Studies on Forest Environment

Makoto INOUE, Hideo SAKAI, Akio SHIMOMURA,

Norihiko SHIRAISHI, and Masakazu SUZUKI

University of Tokyo Press, 2004

ISBN4-13-062140-8

人と森の環境学——目　次

エピローグ　森林環境学とわたし　‥‥‥‥‥‥‥‥‥‥167

執筆分担

プロローグ——下村彰男，井上　真

1章　森の現在と過去（1-1 と 1-4・白石則彦，1-2・鈴木雅一，1-3・酒井秀夫）

2章　生活者にとっての森林環境——下村彰男

3章　生産者からみた森林——酒井秀夫

4章　消費者と森林をつなぐ——白石則彦

5章　地域住民と森林，コラム 1〜5——井上　真

6章　森についての6つの問い

　　問い1——A1・下村彰男，A2・酒井秀夫，A3・白石則彦

　　問い2——A1・井上　真，A2・白石則彦

　　問い3——A1・白石則彦

　　問い4——A1・下村彰男

　　問い5——A1・酒井秀夫，A2・白石則彦

　　問い6——A1・白石則彦，A2・下村彰男，A3・井上　真

プロローグ

人と森の環境学

「実は，森林についてあまり知られていないのではないか」——この認識が本書の執筆された動機である．たしかに「森林」に対する関心は高まっている．テレビや新聞において森林が取りあげられる機会は多くなったし，書店でも森林のコーナーが設けられ，多くの著書や写真集が並ぶようになっている．そして，森林のなかで遊ぶ人たちも出てきたし，林業作業や雑木林の維持をボランティアで楽しむ人たちも増えている．

しかしながら，多くの大学生は森林について，ほとんど学んできていない．わが国の国土面積の多くを森林が占めていることは知識として知っているものの，山にどのような樹木が植わっているのか，それがどのように維持されているのかなど，実態としての森林に対する認識は，極めて低いといわざるをえない．理科や生物の授業をとおして，植物の生理や生態については学んできていても，実感として森林や植物をとらえておらず，森林とのつきあいかたに関しては全くの白紙の状態に近いといえるだろう．

本書は，東京大学教養学部における総合科目の講義である「森林環境と人間活動」を契機として出版された．筆者ら5名は東京大学大学院農学生命科学研究科森林科学専攻に所属し（執筆当時），森林をおのおの異なった視点から研究している．講義では，各人が専門とする観点から，環境としての森林と人間活動との関わりについて論じている．学生の講義に対する理解を深めるために，講義内容を書籍の形でまとめ教科書としようという動機とともに，講義の過程で，若い学生諸君の森林に対する認識や理解があまりにも不十分であり，これが現在での森林に対する人びとの一般的な認識であると思われることに対して，おのおのが危機感を抱いたことも大きな動機となったわけである．

近代における都市への人口集中に伴い，都市は大きくスプロール（拡散）し，

森林は生活空間から遠ざかってしまった．また，人工の素材が広く使用され，木製であっても合板が多く，日常の生活の中で森林そのものとの関わりを意識する機会は減ってしまっている．こうしたことにより，森林は人びとの生活から大きく遊離し，遠い存在となってしまっている．1シリーズの講義の最初と最後に，毎年，作戦会議や反省会を開きながら，森林の現状や森林との関わりのありかたについて，もっと多くの人に知ってもらう必要があるとの認識を私たちは強めていった．そのため本書は人間の諸活動と環境としての森林との関わりについて，各人の視点を交えて述べたものとなっている．

　10年前であれば，こうした性格の本が受け入れられるかどうかは疑問であったろう．ここへ来て森林に対する見かたが大きく変化してきており，興味をもって読んでいただける状況になってきていると考えている．平成13（2001）年には，戦後から高度経済成長期の大きな木材需要に応えるための木材生産力の増大を主眼とした「林業基本法」が，森林の多面的な機能を十分に発揮させることを目指した「森林・林業基本法」として再スタートした．またそれに先だつ平成10（1998）年には，国有林の管理・経営の基本方針が，林産物を中心としたものから公益的機能重視へと方向転換が図られている．森林を経済林つまり木材生産の場として位置づけるだけではなく，多様な公益的機能を発揮する存在として求めるようになってきている．森林がもつ多面的な機能への関心が高まっており，人間活動との関わりも幅が広がって，さまざまな側面が注目されるようになってきた．こうした状況の変化が私たちを後押しし，本書の出版にこぎつけることとなった．

　本書は『人と森の環境学』と題されている．その背景には，人と森林との関係について考究し，そのありかたを論議することを「学」として体系化していく努力が必要ではないかとの認識がある．人と自然とが共生する「環境」として森林を認識し，より広範な新しい枠組みのもとで森林の保全・管理のありかたについて考えていくべきだという時代の要請に応えていく必要がある．従来からの木材生産をバイオマス（生物体量）の生産ととらえなおして枠組みを広げながら，水源の涵養や国土の保全，そしてCO_2（二酸化炭素）の吸収・定着，生物多様性の保全，環境教育の素材やフィールドの提供，自然とのふれあいをとおした保健・休養の機会や場の提供など，森林に求められている果たすべき

役割はより広範になり，それに伴って森林の保全・管理のありかたや技術も多様化している．本書では，各筆者が専門とする視点から，人と森林との関わりをとおして，今後の環境としての森林のありかたと，それを実現し支えるしくみや技術について論じてみたい． （下村彰男）

本書の構成

　私たち執筆者は森林および森林地域を対象とした研究を実施してきた．つまり，森林科学（林学）という学問分野で主に活動してきたのである．しかし，森林生態系そのもの——樹木，草，菌類，動物，昆虫，微生物などのものの集まりとしての森林——については考察の対象としておらず，おのおのの視点や方法は森と人との関わりから始まりかなりバラエティーに富んでいる．そこで，本書では森林と関わるアクター（行為者）に着目して，私たち5名による研究内容の相違点と関連性を説明してみよう（図0-1を参照）．

　鈴木雅一（森林水文学・砂防工学）は，地球規模の水の動きなどに関する理学的な研究を基礎にして，良好な人間環境を保持するための工学的な技術のありかたを探ってきた（1章2節）．

　下村彰男（森林風景計画学）は，心理学的あるいは工学的な分析手法を用いて快適な森林景観を解析し，レクリエーションなども取りこんだ森林の空間形態の設計に資する研究を実施してきた．だから2章では私たち人間を「生活者」として位置づけて森林との関係を論じている．

　酒井秀夫（森林利用学）は，工学的な方法をとおして森林資源の利用と人間活動の関係について考究してきた．3章が林業に携わる人びと，つまり生産者と森林との関係を扱っているのはそのためである．

　白石則彦（森林経理学）は，森林の成長をモデル化し，手入れの時期と方法など適切な森林管理計画を作成する方法の開発を目指してきた．そこで4章では森林管理計画を含み社会的側面をそなえた森林認証制度に着目し，それを消費者と森林とを繋ぐ方法として位置づけている．

　井上真（森林社会学・森林政策学）は，フィールド研究に基づいて森林地域に住む人びとの経済・社会の実態を把握し，それに基づく森林政策のありかた

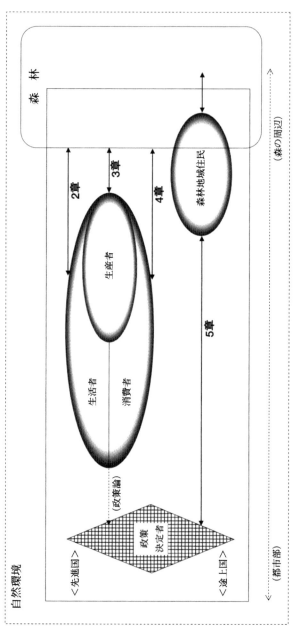

図 0-1 各章の位置づけ

を探ってきた．そこで5章では熱帯諸国の森林地域に住む人びとと森林との関係，および政策決定者との関係が論じられる．

　ここで重要な点を述べておこう．5名の視点に違いはあるものの，本書の内容は5つの異なる論考をホチキスで綴っただけのものではない．私たちは5名の視点を相互に関連づけたつもりである．先進国におけるアクター（行為者）に焦点を絞ると，生活者と消費者は私たち人間のもつ2つの側面を表していることになる．一方で，生産者は同時に生活者であり消費者でもある．したがって，生産者の概念は生活者＝消費者に含まれるものとして位置づけられる．だから，2章，3章，4章は，いわば同じ人間を3つの異なる側面に着目して森林との関係を論じたものとして関連づけることができる．

　一方で，熱帯の森林地域に住む人びとと森林との関わりは，先進国の私たちのそれとはかなり異なっている．まず，狩猟採集民族など一部の人びとは森林生態系の一部として位置づけられる．また，多くの焼畑民族は周囲の森林生態系と調和しつつ森林生態系と上手につきあっている．しかし，最近になって森林地域にやってきた入植が森林生態系を破壊に導く場合もある．このように多様な森林地域住民ではあるが，共通点は生産者であり，生活者であり，そして消費者でもあることだ．これら3つのアクターは分離されておらず森林地域住民の一人ひとりの個人のなかに融合されていることが特徴である．さらに，中央の政策決定者との時間的および心理的な距離が先進国とくらべて圧倒的に遠いことも途上国の森林地域住民の特徴である．

　では5章と他の章との関連をどのように考えたらよいのか．5章では地域の実態を国家森林政策に活かすという視点で森林地域住民と政策決定者の関係が間接的に論じられる．したがって，先進国の場合でも，生活者・消費者・生産者と森林との関係から望ましい国家森林政策を論じることができる．本書の2〜4章では直接論じてはいないが，これらの章で議論されていることを政策論として活用することは可能なのである（図0-1の点線矢印）．そして，さらに先進国および途上国で有効な森林政策の共通点や相違点を考察することをとおして両者の関連性を論じることが可能となろう．残念ながら本書ではそこまでできなかった．今後の課題としたい．

　このように，本書の主要な部分は2章から5章である．しかし，森林と林業

の基本的な知識はやはり重要であると考えて1章を設けた．さらに，私たち執筆者の相互の関連性を確認すること，およびおのおのの見解の相違点を明確にすることを目的として座談会を実施した．森林に関連するいくつかのトピックスについて5名の執筆者がテーブルを囲んで議論したのである．その結果，さまざまなトピックスを面白そうな「6つの問い」として整理することができた．そこで，意見の一致をみたテーマについては5名を代表して1名が論じることにした．一方，多様な意見が出されたテーマについては，複数の執筆者が各自の意見を展開することにした．もしかすると，読者は視点の異なる意見に戸惑いを感じるかも知れない．しかし，私たちはあえてこのような企画を6章として掲載することによって読者のみなさんの思考を刺激し，凝り固まった学問ではない「人と森の環境学」のダイナミズムや面白さを感じとってもらいたいと考えた．

　本書を契機として一人でも多くの人が「人と森の環境学」に興味をもってくれることを期待したい．

（井上　真）

1 森の現在と過去

1-1 森はどのくらいあるのか——森林の定義と資源量

　日本で「森林」というとき，多くの人は，高く伸びた樹冠が互いに触れあう
ほどに密生し，中から上を見上げてもほとんど空が見えないような混んだ樹林
地を想像するであろう．確かに日本でみられる森林の大部分は，そうした密生
した森林である．しかし国連食糧農業機関（FAO）で作成され国際的に使われ
ている森林の定義は，もっとずっと緩いものである．FAO における森林の定
義は，2000 年以前は先進国向けと熱帯開発途上国向けに分けて作られていた．
先進国向けの定義によれば，森林は「土地に対して樹冠の占める面積割合（樹
冠密度）がおおむね 20% 以上で，樹高が 7 m を越える植物群落である」とさ
れていた．樹冠密度が 5% ないし 20% の場合には疎林（Open woodland），成
熟しても樹高が 5 m ほどにしか達しないものは灌木林（Scrub, shrub and bushland）
と呼ばれる．また開発途上国向けには「樹冠密度が 10% 以上で，農耕に利用
されていない生態系．竹林も含まれる」とされていた．

　FAO はこの森林の定義に従って地球レベルの大規模な森林資源調査を 1970
年以来 10 年ごとに行なってきた．1980 年までは各国ごとにさまざまな方法で
取りまとめられた森林統計を再編していたが，1990 年には衛星リモートセン
シング技術が導入され，実態のモニタリングが可能となった．これらの一連の
森林資源調査は Forest Resources Assessment 1990（『FRA 1990』）等と呼ばれて
いる．衛星リモートセンシングデータを利用するようになったことで，中間年
での推計も比較的容易になった．

　そして 2000 年以降，FAO は森林の定義を一本化して，先進国においても樹
冠密度が 10% 以上であれば森林と見なすことに変更された．これにより世界
の国々が同一の基準で比較できるようになった．

　最新の FRA 2000 によりまとめられた世界の森林統計（FAO, 2001）によると，

表 1-1　世界の森林面積（2000 年）

地域	森林面積 （億 ha）	森林率 （%）	森林面積の増減 （1000 万 ha）
ヨーロッパ	10.4	46	+0.9
北中米	5.5	26	−0.6
アジア	5.5	18	−0.4
うち日本	0.25	67	—
アフリカ	6.5	22	−5.3
オセアニア	2.0	23	−0.4
南米	8.9	51	−3.7
先進国計	17.3	31	+1.3
開発途上国計	21.5	28	−10.7
計	38.7	29	−9.4

1）ヨーロッパにはロシアおよび旧ソ連からの独立国を含む.
2）森林面積の増減は 1990 年から 2000 年の 10 年間についての合計である.
3）日本の森林面積は，1966 年（2517 万 ha）から 1995 年（2515 万 ha）ま
　でほとんど変化していない.
4）「先進国」とは，ヨーロッパ，オーストラリア，カナダ，イスラエル，
　日本，ニュージーランド，南アフリカ，アメリカ，アルメニア，アゼル
　バイジャン，グルジア，カザフスタン，キルギスタン，タジキスタン，
　トルクメニスタンおよびウズベキスタンの各国で，「開発途上国」とはそ
　れ以外のすべての国である.

　世界の森林面積は 38 億 7000 万 ha（2000 年）で，陸地面積の約 29% を占めて
いる. これを地域別にまとめると表 1-1 のようになる. 森林面積でみると，最
大はヨーロッパの 10.4 億 ha（森林率 46%）で，これに次いで南米が 8.9 億 ha
（森林率 51%）となっている. ただしヨーロッパにはロシアおよび旧ソ連から
の独立国が含まれる. これにアフリカ，アジア，北中米が次ぐが，いずれも森
林率は想像以上に低い値となっている. 世界全体でみた場合の森林率は 29%
で，先進国・開発途上国のあいだで違いは小さい. 北中米が世界の平均の森林
率に近い値を示している. 森林率に関していえば，日本の 67% は世界的にみ
て高い値である. 日本よりも高い森林率を示す先進国はフィンランド（72%），
スウェーデン（68%）以外にはなく，森林統計の得られている途上国を含めて
もパプアニューギニア（68%）が加わる程度である.

森林面積・森林率に比べて，森林面積の増減は地域の違いが顕著に現れている．先進国では1990年からの10年間に約1300万haも増加しているのに対し，途上国では逆に1億700万ha，率にして4.8%の森林が減少した．地球全体として差し引き9400万haの減少面積は日本の国土面積の2.5倍に相当する．この森林の減少面積のなかには，伐採などによって樹冠密度が低下しても，10%以上残されているため引き続き森林に分類されているものは含まれていない．従って質的な面まで含めた森林の劣化の影響は，これよりもはるかに広く及んでいると考えなければならない．

世界の丸太生産，木材貿易

世界中では1年間に32.3億 m^3 の木材が森林から伐りだされ木材として利用されていると推定される．世界の森林面積が38.7億haであるので，伐採量をha当たりに換算すると約0.8 m^3 である．この内訳を先進国・開発途上国，産業用材・薪炭用材ごとに図1-1に示した．この図によれば，開発途上国では木材の約80%が薪炭として利用されているのが特徴的である．これらの薪炭の大部分は，生産地のごく近くで消費されている．

世界の丸太の総生産量に比べれば，国際市場に輸出される木材の量は相対的に少ないものである．1999年の統計によれば，木材の用途別輸出量は，産業用材9600万 m^3，製材品1億1900万 m^3，合板等は5200万 m^3，木質パルプは3700万t，紙・板紙は8900万tとなっている．計量の単位が異なるので正確な換算はできないが，これは世界の丸太生産量の1割強に相当すると考えられる．

世界の木材貿易を輸出国・輸入国別にみたのが図1-2である．最大の輸出国はカナダであり，最大の輸入国はアメリカである．しかし，アメリカの木材輸入については理由があり，多少割りびいて考えなければならない．それはこの両国のあいだには北米自由貿易協定（NAFTA）が結ばれており，大量の木材があたかも同じ国のなかを流通するように貿易されているからである．アメリカはこうした理由から輸入額も多いが一方で大量の輸出もしており，輸出入を相殺すると，実質的には日本が世界最大の木材輸入国であることがわかる．日本は，年間約1億 m^3 の木材消費のうち近年では実に80%を輸入に依存し，自給率は長期的に低下傾向が続いている． （白石則彦）

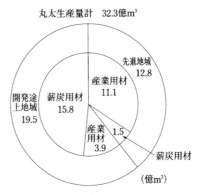

図 1-1　世界の丸太生産量（1999 年）

資料：FAO, STATISTICS DATABASE（2000 年 10 月 5 日最終更新で
　　　2000 年 12 月現在で有効なもの）
注：合計が一致しないのは，四捨五入の関係である．

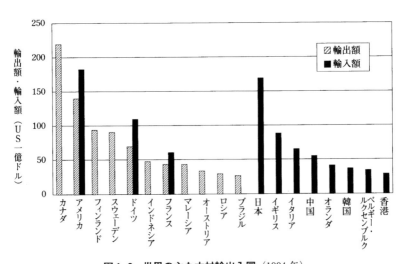

図 1-2　世界の主な木材輸出入国（1994 年）

States of the World's Forests 1997（FAO），p. 64 の Fig. 11 と
Fig. 12 をもとに作成．世界の木材輸出入国の各上位 11 カ
国につき貿易額を比較して図示したもの．輸出入額の一方
にしか棒グラフが描かれていない国は 12 位以下であって，
貿易額がゼロということではない．

1-2　日本の森は減っているか——明治以降の森林面積の推移

　この100年間に日本の国土は大きく変貌し，森林の姿も大きく変わった．都市，市街地の拡大と農地開発は著しく進んでいる．しかし一方で，日本の森林面積は国土の約3分の2で，大きい変化がないとされる（前節を参照）．都市，農地の拡大と森林面積が変わらないことは，どのように両立したのか，という問題を考えてみよう．たとえば途上国などでは急激に森林面積を減らしたところ，減少が憂慮されているところが多くある．日本の森林面積は，本当に減っていないのだろうか．

地図の土地利用記号による土地利用変化の全国集計

　100年前の土地利用を客観的に示す資料には，どのようなものがあるだろうか．明治中期から大正前期にかけて，陸地測量部によって全国の5万分の1地図が作成された．この図には，土地利用の情報が記載されている．現在の国土地理院作成の地図にも示されている針葉樹林，広葉樹林，果樹園，桑畑などの記号である．これによって，ほぼ100年前つまり1900年ころの土地利用を知ることができる．北海道教育大学の氷見山幸夫教授らは，全国についてこれを国土数値情報の標準グリッドに対応させて入力したデータセットを作成した．1985年時点の5万分の1地図についても同様の作業によるデータが作成され，その集計結果を報告している（氷見山 1992）．

　表1-2がその結果で，森林面積はほぼ国土の3分の2でほとんど変わらないことが示されている．農地の割合もほぼ17%程度で一定とみてよい．この表の数値で変化が大きいのは，都市集落の増加と荒地の減少である．都市集落の区分は，1.69%から4.99%へと増加し，荒地は10.68%が3.20%へと減少している．なお，「荒地」という区分は，5万分の1地図の「荒地マーク」の部分で，いわゆるハゲ山，原野，採草地などに対応する．

　ただし，この表からは農地が開発されたり，都市の拡大で減少したはずの森林の行方がよくわからない．そこで筆者らは，このデータと国土数値情報の標高データを用いて，森林面積の変遷を集計した．国土数値情報は，5万分の1の地図を格子状の網目に区分し，標高，気温や雨量などの気候値，地質などの

表 1-2　明治大正期と 1985 年の土地利用変化

土地利用	1900 年頃	1985 年頃
森林	65.48	66.62
農業的土地利用	16.75	17.46
うち田	(9.34)	(9.56)
畑	(6.24)	(6.14)
その他農地	(1.17)	(1.76)
都市集落	1.69	4.99
道路・鉄道	2.44	5.06
荒地	10.68	3.20
その他	2.96	2.67

数字は国土面積に対する割合(%)．　（氷見山 1992 より作成）

データを共通の区画（座標）で作成している数値データで，項目ごとにほぼ 1 km，250 m，50 m などの格子間隔のデータが集録されているものである．1 km 間隔の標高データから土地の傾斜を求め，氷見山（1992）の作成した 1900 年，1940 年，1985 年ごろの土地利用データと対比した．この結果は図 1-3 のようになり，次のことがわかった．

①国土を傾斜によって 5 段階に区分して集計すると，一番緩い傾斜区分（平坦地）において都市と農地が増加し，森林は大幅に減少している．

②傾斜による区分の残りの 4 段階（いずれも傾斜地）では，都市化，農地の増加はほとんどみられず，平坦地における森林の減少とほぼ等しい森林面積の増加が，これらの区分でみられる．

③傾斜地での森林面積が増加に対応して，「荒地」と区分されていた面積が減少している．

以上より，平坦地（平野部）で都市が農地に広がった分，森林が農地化されるという，玉突き状の土地利用変化が着実に進む一方で，1900 年時点には広く存在していた荒地が森林化して，この 100 年間ほぼ変動のない森林面積が保たれてきたことが説明できる．森林面積はほとんど変わっていないが，そのうち約 1 割は場所が変わっていたのである．

なお，この集計は 2 km 間隔で作成されたデータの 2 km 格子内の最大面積の土地利用を対象として行なわれているので，たとえば細長い形状のゴルフコース造成など小面積の土地利用変化が結果に現れにくいなど，完全に実態を数量的に表現できていないところもある．しかしこの結果は，日本の森林につい

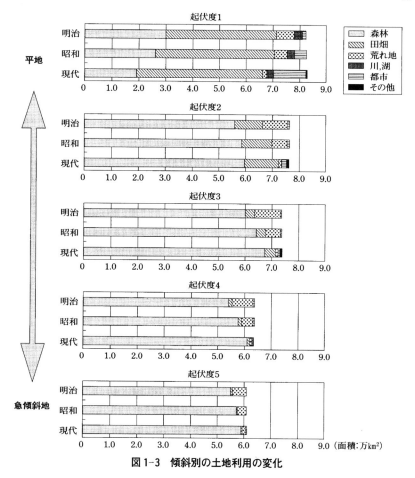

図 1-3　傾斜別の土地利用の変化

て, 土地利用が安定的で変化が少ないために森林面積が一定だったのではなく, 土地利用のダイナミックな変化のなかで, 傾斜地における「荒地」の森林化に伴って結果的に森林面積がほぼ一定に保たれてきた, と理解すべきことを示している.「荒地」の森林化について, ハゲ山を復旧する治山事業はその重要な一部を構成しているが, 従来貧弱な植生のところに積極的に植栽を進める広範な活動の結果と考えられる.

森林が変化する姿

「荒地」の森林化とは，どのようなものだろうか．神奈川県北西部の丹沢山
地の例を示すことにしよう．丹沢山地の北側には，相模川の上流にあたる道志
川が流れている．道志川流域は，横浜市と神奈川県の重要な水源地域でもある．
図1-4は，丹沢山地の最も北にある黍殻山から焼山を結ぶ稜線から道志川へ
下る北西向き斜面の地図で，1910年，1925年，1947年，1973年，1990年
（それぞれ明治43年，大正14年，昭和22年，昭和48年，平成2年）に刊行
された陸地測量部／国土地理院の5万分の1地図「上野原」図幅の一部を示し
ている．

これら4葉の地図を比較してみると，1910年と1925年発行の地図における
植生表現の差異はきわめて大きい．1910年刊行の地図にみられる荒地記号は，
標高の高いところを広く覆っていて，集落に近い標高の低いところは広葉樹林
の記号となっている．明治期において集落近くは森林として管理されていたが，
それより遠方となる標高の高いところは薪炭材採取の結果もはや森林の様相を
失っていたと思われる．1925年発行のものは，北西斜面は主に広葉樹に覆わ
れていると表現されている．1947年発行の地図には1929年の修正測量による
図で，尾根部を中心に関東大震災（1923年）で生じたと思われる斜面崩壊を
示す記号が記入されている．

図1-5には，1940年と1997年に同地域を真上から撮影した航空写真を，鳥
瞰図として表示している．この鳥瞰図は図1-4の地図の地域を北西側からみ
たもので，1940年時点には流域の上流部とくに稜線付近の植生が貧弱で，裸
地が多く存在することがわかる．1997年には稜線も含めて地表はすべて植生
で覆われ，裸地の存在は写真から判読できない．地図による植生変化の変遷の
評価は，測量，編集と発行時期に時間的遅れがあるため，航空写真による変化
とは多少ずれが存在する．しかし図1-4，図1-5から，関東大震災による斜面
崩壊発生があったが，それ以前から少なくとも稜線付近は森林の景観を呈して
いなかったという，かつての植生劣化状況と，その後の森林植生の回復を知る
ことができる．

なお，航空写真は戦後1946年ごろからおおむね5〜10年ごとに全国が撮影
されている．ここで用いた1940年の写真は旧陸軍航空隊により撮影されたも

15

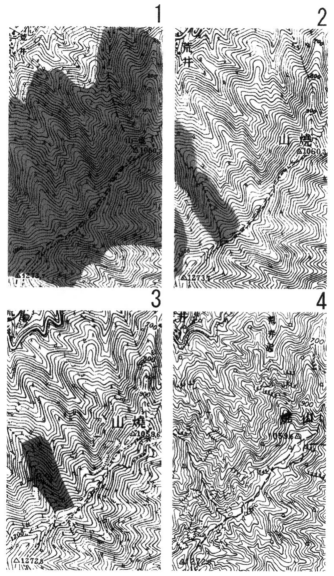

図1-4　過去の5万分の1地図「上野原」にみる森林の変化

丹沢山地北部（黍殻山―焼山の稜線から道志川までの北西向き斜面）
1：1910年発行，2：1925年発行，3：1947年発行，4：1973年発行
アミの部分は「荒地」記号が付されたところ．

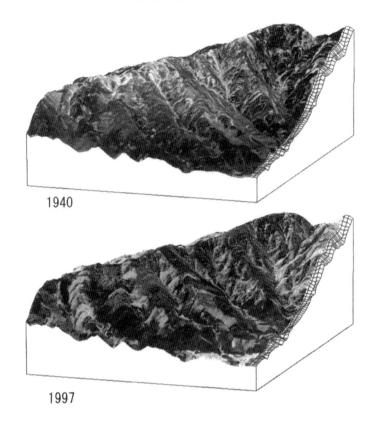

1940

1997

図1-5 航空写真による57年間の森林の変化

図1-4の斜面を北西からみた図．地形データから鳥瞰図を描き航空写真を重ねた．図の右端の格子は，50m間隔．上：1940年2月16日撮影，下：1997年4月29日撮影．（鈴木 2002）

ので，戦前の山地状況が写っている貴重な写真の一つである．今後，森林変化のモニタリングは高分解能の衛星リモートセンシング情報が用いられることになろうが，過去の航空写真は国土の様子を理解するのに重要な資料でありつづけるだろう．

　山梨県道志村には横浜市の水道水源林2873haがあるが，1867年から1916年に至る水源林の成立経緯の研究（泉 2001）に，過去の文献をまとめた当時の道志村周辺の森林荒廃状況が記されている．「山梨県下山林の荒廃状況が最も

甚だしかったのは，明治17，8年（1884，85年）より同37，8年（1904，05年）の20年間であった」こと，その理由の一つとして燃料を多く必要とする養蚕温暖飼育が明治20（1887）年ごろ普及したことがあげられ，道志村では養蚕と製炭が主要な生業であったこと，その結果として「道志村内では，製炭業の隆盛により明治末期には闊葉樹資源が希少となりつつあった」ことなどである．1910年の地図と1940年の航空写真はこれら文字による記録に対応する資料である．

　燃料として石油や天然ガスではなく薪や炭を用い，農業に化学肥料ではなく落ち葉などの有機肥料を用いていた時代は1950年代までであるが，苗木を植えて木を育てる期間は普通40年から60年である．木が育つ時間と比較すると，薪や炭をもっぱら使っていた時代はそれほど昔のこととはいえない．

　図1-4，図1-5に示した斜面の航空写真を集め，1940年以降最近までの植生変化を示したものが図1-6である．もとの写真は1枚ごとに撮影高度が異なるなど歪みをもつが，図の左上の地図に重なるよう画像処理をして示している．この図でも1940年と1997年の対比で，荒廃した山地から植生に覆われる落ちついた山地へと変貌したことがわかるが，1940年と1947年のあいだ，1971年と1973年のあいだで生じた2度の斜面崩壊や，1960年ごろの広域の伐採とその後のスギ，ヒノキ植栽などその変化過程はそれほど単調ではない．1973年以降は皆伐の実施や斜面崩壊の発生はなく，1997年現在では，1972年に発生した崩壊地も含めて裸地は消滅し，全域で針葉樹人工林を主とする森林が成長している．

　ここに示した事例は，経時的な森林の成長と豪雨による土砂移動などの間歇的な攪乱のほかに，採草地や薪炭林としての利用から広域の伐採と針葉樹人工林化，近年における森林伐採の減少による森林現存量増加という森林と山地に対する人間社会の関わりかたの時代による変化が，森林の長期的な変遷に大きく影響していることを示している．

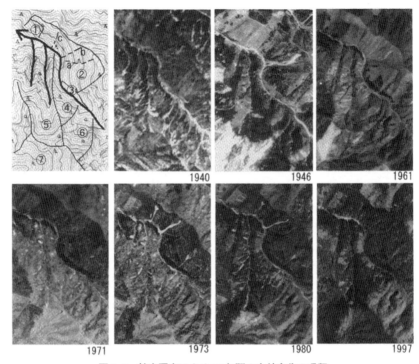

図1-6　航空写真による57年間の森林変化の過程
図1-5の斜面の中央付近．左上図a, b, c は斜面崩壊位置．（鈴木 2002）

森林の変化と現在の問題

　近年「森林が劣化している」という認識が広くあるが，面積からみると日本の森林は減っていない．そして，前記の地図や航空写真にみられるように，「全般的にみて現在の日本では森林は100年前よりよく繁っている」という認識が妥当であると思われる．このような状況のなかで「森林が劣化している」と憂慮される問題点が存在しているのである．「森林が劣化している」と気づかわれる理由を列挙すると，①原生的自然の減少，および大径木の減少，②都市化などによる身近な自然の減少，③環境悪化による森林衰退，④手入れの十分でない人工林の増加，などがあげられよう．このほかにも，野生動物が保護の結果として増加したことにより，樹木が傷み，森の健全性が危惧される地域が生じているなどの問題もある．これらは，いずれも森林の質的な劣化で，単

に面積変化のみでは論じられない. 個々の問題への対策を考えることは重要であるが, その際に 1980 年代以降急速に国内の森林伐採量は減少しており, かつての状態に比べて格段によく繁茂した森が増加しているという実態も踏まえた問題の把握が必要である.

(鈴木雅一)

1-3 森は私たちの生活とどのように関わっているのか
——日本人の生活と身近な森林問題

杣人と鳥総立て

万葉集 (8 世紀) には,「万葉植物」という言葉があるくらい多くの植物が詠まれているが, そのなかに森林作業を詠んだ歌もいくつかある.

> 宮木引く 泉の杣に 立つ民の やすむ時無く 恋ひ渡るかも (2645)
> かにかくに 物を思はじ 飛騨人の 打つ墨縄の ただ一道 (2648)

柿本人麻呂作とされる上の 2 首は, 森林作業そのものというより, 休むときがないほど一生懸命働く杣人の姿を自分の恋にたとえている.「かにかくに」というと, 吉井勇の「かにかくに祇園はこひし寝るときも枕の下を水のながるる」の歌が有名であるが, あれこれと思い迷わずに飛騨の匠が丸太を四角に製材するときに打つ墨縄の一直線に自らの思いを重ねている.

> 真木柱 作る人 いささめに 仮盧の為と 作りけむやも (1355)

この歌も, 御殿の立派な柱をつくる杣人に託して夫婦の完成を願っている. それほどまでに当時杣人や飛騨の匠が真面目で一生懸命働く職業人の集団として評価されていたことがうかがえる.

さて, その万葉集には次のような 2 首がある.

> 鳥総立て 足柄山に 船木伐り 樹に伐り行きつ あたら船材を (391)
> 鳥総立て 船木伐るといふ 今日見れば 立木繁しも 幾代神びぞ (4026)

「鳥総立て」(または「鳥綱立」) とは, 図 1-7 のように, 伐倒した木の切り株にその穂を立てることをいう (所 1977). 木のすべてをいただくのではなく, 一部をいただくというのである. 長い間にはいつしか「とぶさ」の意味も忘れ

図1-7　鳥総立て
（東京大学所蔵「美濃飛騨伐木運材図」より伐木株祭之図）

られ，斧などとも解釈されていたが，山中の慣わしとして明らかになった．鳥総立てに関して，賀茂真淵『冠辞考』によれば，「古き事は田舎に遺れる也」とある（澤潟 1958）．前者の歌の意味は，「足柄山で鳥総を立てて，船舶用の木を伐って，立派な船材として切りだされていったことよ」となる．

　そして次の能登の歌は，能登の鳥山に視察に訪れた大伴家持の詠である．文明の発達の一方で，森林の価値に気づく家持の感慨が凝縮されている．この歌の描写により，幾代を経た能登の原生林の神々しさが後世に残された．2首とも，それこそ当時斧の入ったことのない原生林を詠んだものであり，その巨木の森の姿はどんなであったことだろうか．ちなみに日本における鉄製斧の使用は弥生後期のことである（佐原 1994）．

　「鳥総立て」には山の恵みに対する感謝がある．昨今，よく自然と人間の共生といわれるが，本来は森林からの余りものを恵みとして人間がいただく，生かされているという立場でなければならない．そして「鳥総立て」には再生への願いが込められている．木を倒したあとにまだ残るぬくもり，ときとして滴り落ちる樹液や湿り気から，杣夫は樹木の生命，先ほどまで木が長い年月生きてきたことに対する畏敬の念を禁じえなかったであろう．

　もう一つ興味深いのは，現在の神奈川県と石川県の山中で共通の儀式が行なわれていたということである．当時の情報や技術，生活様式の伝播をうかがい知ることができる．今日のように時間に追われる生活でなければ，時間をかけさえすれば，地理的な遠隔は交流や交易にとってさほど障壁でなかったのであろうか．

　このように私たちの祖先は古くからすでに木の生命と循環・再生を感じとっていたのである．しかし，資源や環境が地球規模で有限なものであることを人

類が意識するようになるのは，資源の大量消費が公害や環境汚染として私たちの生存を脅かすようになった戦後のことである.

身近な森林資源──割り箸と紙

現代の私たちの身近な森林資源問題として，ここでは割り箸と紙の問題を考えてみよう.

日本の木材需要量年間約1億 m^3（丸太換算）のうち約4割が紙の原料となるパルプ・チップ用である. 製紙原料となる木材のほとんどは，ほかに用途のない低質材や製材時に発生する残材に由来するものの，現在，輸入が約87%と割合を押しあげてきている. パルプ原料の約5割が回収古紙，1割が輸入製品パルプであり（上記丸太換算に含まれる），古紙も補完的に輸入されていることから，森林資源の利用は上記の木材需要量以上である. 日本人の1人あたり紙の消費は230 kgになるという統計がある（世界平均は45 kgである）.

古紙回収の対象となる新聞紙は紙としては高級品である. 紙を漉く原理は木材の繊維をほぐして叩いてケバを出して繊維どうしを絡ませることである. 新聞紙は輪転機で大量に高速印刷する必要があるから丈夫でなければならない. かつては繊維の長い北洋針葉樹が主に使われた. 新聞紙はすぐ変色するが，これは木材のリグニンという成分が残っているためである. 新聞紙は簡単にいえば木材をほぐしただけでまだ木材に近いといえる. 目をつぶってコピー用紙と新聞紙を触って比べてみるとわかるように，新聞紙のほうは暖かい. 余談ながら山に行くときは新聞紙をリュックに携帯して，雨に降りこめられたときには衣服のなかに巻くと保温と雨の進入を防ぐのに役立つ. 最後は燃料にもなる. 木材資源節約のために新聞紙に古紙を混ぜている. 混入率はかつて10%だったが，いまは47%と技術の限界に近い. なお，古紙から再生紙を作るには，脱墨（インキを抜くこと）のためにエネルギーを要し，エネルギーをかけるほど異物，インキは落ちる. また，上質の紙にしようとすれば歩止まりは低下し，繊維が受けるダメージも大きくなる. 古紙回収にもエネルギーを要する. 古紙は紙の重要な原料であるので，分別収集が望まれる. エントロピーの観点でいえば，風呂の炊きつけなどに有効利用して，CO_2 にして樹木に吸収させるのも合理的である.

　紙 1 t を作るのに，原木 3.3 m³，水 100～160 m³，エネルギー 450 万 kcal（約 18.8 GJ（ギガジュール）），少なくともそのうち抄紙工程での乾燥のための蒸気発生に約 200 万 kcal 必要という試算がある．いずれにしても紙は大事に使わなければならない（本州製紙再生紙開発チーム 1991）．

　1984 年に「割り箸問題」が新聞紙上を賑わした．割り箸は木材資源のむだ遣いという指摘と，それに対して割り箸は製材したあとの端材を使うから木材の有効利用であるという擁護論を筆頭に，塗り箸を洗う洗剤や水を使わないから水質汚染がないという意見，何より割り箸は日本の文化だという意見などがあった．林業地には，割り箸製造業者があることで木材が隈なく有効に利用され，地域の経済が成りたっている．

　ここで標準的な割り箸 1 膳の体積を測定してみると，19 cm³ である．朝刊 1 部 32 ページ（A 4 判用紙 64 枚相当）で 162 g とすると，朝刊 1 部を木材に換算して 535 cm³ の原木を要することになる．割り箸にすると 28 膳に相当する．上記の古紙率を差しひけば朝刊 1 部が約 15 膳に相当することになる．割り箸論議よりももっと大きな土俵での議論が必要な気がする．

　紙の原料調達をめぐっては，海外での植林などの努力が日本の製紙会社によりされている．企業としても，単に植林するだけでなく，雇用創出に伴う病院や学校などのインフラ整備，貨幣経済をもたらすことによる社会への影響，土地利用と自然環境の保護等，多面的な対応を迫られている．収穫まで実を結ぶには 10 年以上を要するが，日本の使用原料の 20 % 近くをまかなうことが見こまれている．一方で途上国の紙需要の増加による資源の配分も世界全体で考えていかなければならない．資源確保と環境問題は表裏をなす．

木質バイオマスの利用

　日本の 1 人あたり木材消費量は大体 1 m³ である．これまで紙の話をしてきたが，電気事業発電用燃料についてみてみると（総務省統計研修所『日本統計年鑑』），ここ 20 年間で重油や原油にかわり，石炭や液化天然ガスが著しく増加してきている．すなわち，燃料油は 1980 年ころ 1 人あたり約 0.5 m³ であったのが，最近は 0.2 m³ に減り，かわりに石炭が 0.1 t から 0.5 t に，液化天然ガスが 0.1 t から 0.3 t に増加している．

図1-9　枝条圧縮機械
（スウェーデン，上右）

図1-8　デンマークにおける燃料チップの
収穫（上左）と地域に温熱を供給するエネル
ギープラント（下）

　トイレで洗った手を乾かす温風タオル装置を見かけるが，もとをただせば化石燃料を燃やしている電気である．電力は良質なエネルギーであるが（押田 1985），テレビやパソコン，エアコンも，そのすべてではないがエネルギー源に化石燃料を燃やしているということに思いをはせていただきたい．また水力発電ももとはといえば森林があってこそである．

　世界的にみれば木材の 54％ は燃料用に使用されている（FAO, *Statistics Database*）．日本でも 1950 年ごろまでは，家庭用燃料の半分までを薪炭材が担っていた（押田1985）．スウェーデンなどでは，炭素税，硫黄税などの政策的支援もあり，地域暖房を中心にバイオマスエネルギーが一次エネルギー供給の 19％ に至っている．デンマークでは 1980 年ころから針葉樹若齢人工林から間伐材を破砕して燃料チップとして収穫し，エネルギープラントから温熱や電気を地域に供給することが普及している（図1-8）．木質バイオマスの輸送効率を向上させるために，枝条を圧縮して回収することも試みられている（図1-9）．

　日本で木材収穫時に発生する末木枝条などの未利用残材は，乾重量に換算して年間約 200 万 t と推定されるが，収穫の際にかさが張り，量の安定確保が

図1-10　バークと牛糞による堆肥作り
（宮城県）

むずかしいことから，未利用のまま処分されている．木質バイオマスの乾重量あたりの熱量が石油の半分もあることから，未利用間伐材などを含めるとエネルギーとしての見こみは十分である．筆者らの試算によれば，日本における林地からプラントまでのバイオマス資源の収穫システムの総費用は，トレーラ式の大量輸送が可能なヨーロッパ諸国の3〜30倍になり，輸送能率の向上化が今後の重要な研究課題である．近年，エネルギープラントのコージェネレーション（熱電併給）システムや，炭素税などの環境税の導入がバイオマス利用に与えるインセンティブなどについて，木質バイオマスの利用にむけたさかんな研究や取りくみが行なわれている．

　かつて農家では農耕用に牛や馬を飼い，稲わらを家畜の飼料や敷きわらにするとともに，家畜の糞尿と混ぜて堆肥を作り，有機農業を行なっていた．農耕作業が機械にかわるとともに化学肥料に大きく依存するようになった．また，私たちの卵や牛乳，肉の消費の一方で，畜産経営の糞尿処理が大きな問題となっている（松崎1992）．図1-10は，牛舎内で牛糞におが（鋸屑）を混ぜて脱臭と水分吸収を行なったものに，バーク（樹皮）を混ぜて堆肥を作っているところである．広葉樹のバークでは1〜2年，針葉樹では2〜3年ほど自然堆積させて発酵熱でフェノールなどの有機有害成分を溶けださせながら堆肥化する．バーク堆肥になるまで時間がかかるが，それだけにできた堆肥は団粒構造を有し，肥料として持続性がある．

　20世紀は農業，畜産業，林業がそれぞれの効率化を求めてばらばらになっていったが，これからは，森林からの葉や樹皮，畜産廃棄物や農業廃棄物などを堆肥原料として組みあわせるなどして，有機農業の再構築と木質エネルギーを利用した地域における循環社会の実現が望まれる．

身近な森林資源問題

19世紀，産業革命以降，鉄道は枕木，車体，電信，松脂に大量の木材を使用し，開通したあとはその鉄道によって広大な土地が開発されていった．炭坑の坑木や紙，板紙の需要も急増した．ヨーロッパではあいつぐ洪水により，森林の河川調節機能が認識されたのもこのころである（ドヴェーズ 1973）．20世紀の2度の大戦は濫伐と森林喪失，占領による搾取を森林にもたらした．一方でもし，化石資源という遺産がなかったならば，森林はとっくに消費されて，人類も滅亡していたかもしれない．

以上みてきたように森林資源はきわめて身近な問題である．さらに煎じつめれば，毎日の水や空気，電気も森林に関わっている．これから私たちの生活様式を見なおし，環境や資源に対するより一層の関心と教育の充実が望まれる．

（酒井秀夫）

1-4 日本の林業はなぜ苦境に陥ったのか──日本の森林・林業の現状

これまでに述べてきたとおり，日本は国土面積約 3780 万 ha のうち約 2500万 ha が森林で覆われた世界有数の森林国である．日本の適温で多雨な気候と，山地に広く分布する生産力の高い土壌は森林の生育にきわめて適している．また日本の森林は，面積の4割，約 1000 万 ha が人工林で占められている．人工林は天然林に比べ概して成長が旺盛であり，この 1000 万 ha の人工林だけでも木材に換算して年に 8000 万 m^3 を越える成長量があると推定されている．量だけについていえば，日本の森林は国内の木材需要の大部分を自給できるほどの潜在力をもっているといえる．

ではなぜ森林国日本の木材自給率が 20% にまで低下したのであろうか．これには内外のさまざまな理由があるが，ひとことでいいあらわせば，日本林業が産業として国際的な価格競争力を失ってしまったということである．多くの木材輸出国と比較して日本林業の不利な点としては，人工林林業のため育林費がかかること，山地の地形が急峻で伐採作業の機械化や林道開設に制約があり生産性が低いこと，林業経営の規模が小さく合理化しにくいこと，流通加工段階も小規模分散的で複雑であり生産性が低いこと，労働賃金が高いことなどが

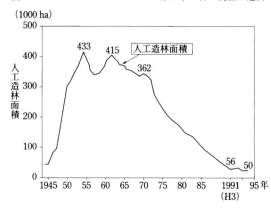

図1-11　年間人工造林面積の推移『日本の森林・林業1997』（日本林業調査会　1997）p.82 の図をもとに作成.

あげられる. しかし昭和40年代前半までは国産材が消費の半分以上を占め, 日本林業も産業として成立していた. 今日の日本の森林・林業の現状を知るため, 戦後日本の経済（内野1978）と林業をふりかえってみることにしよう.

1945年に第二次世界大戦は終戦を迎えるが, 木材は戦中には軍需物資として, また戦後は復興資材として国内の森林から大量に伐りだされ, 当時の森林は非常に疲弊していた. 都市部にはいまだ十分な就労の場がなかったため, 「食べるため」農山村に溜まっていた大量の労働力の受け皿として人工林の造成が始まった（図1-11参照）. 昭和20年代には実際に日本各地で水害が頻発しており, 治水のため治山が必要であったこととともに, 経済復興のため木材の需要が高まっていたことが背景にあった. 当時は人工林面積は現在の半分以下と比較的少なく, 奥地天然林を除く大部分の身近な森林は薪炭を採取するためのいわゆる雑木林であった. こうした雑木林は歴史的に10年から20年ほどの短い周期で繰りかえし伐採されてきたため, クヌギやコナラなど根株から更新しやすい樹種が優勢な, いわゆる里山を形成していた.

戦後の日本経済は朝鮮特需（1950〜53年）を経て, 1953年には消費水準が戦前水準にまで回復した. そして56年の経済白書には「もはや『戦後』ではない. 回復を通じての成長は終わり, これからの成長は近代化によって支えられる」という有名な一文が書かれ, 神武景気（52年）, 岩戸景気（61年）を経て, 高度成長時代へと突入していった. この時代の経済成長と平行する形で, 燃料革命も進行した. それまで薪や炭だった燃料が石油に切り替えられた結果,

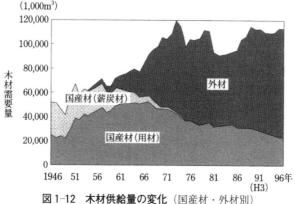

図 1-12　木材供給量の変化（国産材・外材別）
『平成 9 年度林業白書』（農林統計協会）p. 15 より転載.

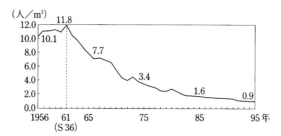

図 1-13　スギ 1 m³ で雇用しうる伐木作業員数の推移
『日本の森林・林業 1997』（日本林業調査会　1997）p. 139
より転載. 林業の人口扶養力として, スギの山元立木価格
で何人の伐木作業員が雇用できるかを平均賃金で試算した
ものである.

有史以来日本の燃料供給を担ってきた雑木林はその使命を終えた. 一方で, 昭
和 30 年代の好景気は建築ブームとなって大きな木材需要を喚起した. 木材価
格は高騰したが, 山には成熟した木材資源が乏しく, 供給は追いつかなかった.
このころはどんな木材でも高値で売れた時期であった. 新聞に「国有林は, 木
材の価格安定のためもっと増産すべき」という趣旨の社説が掲載されたのもこ
のころである. 時代の要請に応える形で, 昭和 30 年代から 40 年代にかけては
国有林も民有林も雑木林を伐って人工林に転換するいわゆる「拡大造林」を大
規模に押しすすめた. 1964（昭和 39）年に制定された林業基本法では, 産業

としての林業の育成，林業労働者の社会的地位の向上などが掲げられ，林業が
需要に伴って急成長していた時代を反映した．またこのころは戦後しばらく途
絶えていた外材輸入を再開した時期でもあった．しかし当時は為替が360円に
固定されていたため円の購買力は弱く，外貨準備高も低かったため輸入量は限
定的であった．日本の人工林の多くはこのころから昭和40年代後半にかけて，
将来の需要を見こんで植林されたものである．

　そして昭和40年代後半，長く右肩上がりの成長を続けてきた日本の経済社
会は，さまざまな障害に突きあたり，転換期を迎える．それらは公害問題の顕
在化と消費者・住民運動の高まり（1970年以降），円の切りあげ（71年）とそ
れに続く不況，為替の変動相場制への移行（73年），第4次中東戦争とオイル
ショック（73〜74年）などであった．

　当時の社会を反映して，森林・林業に関しても同じようなことが起こってい
た．国有林は森林資源を求めて伐採の奥地化を進めた結果，知床伐採問題[1]や
南アルプス・スーパー林道問題[2]などが顕在化し，各地で住民や自然保護団体
と衝突した．昭和20年代後半から再開された外材輸入はこのころ円高と関税
撤廃によって急速に増大し，1969年にはついに日本の国内需要の過半を占め
るまでになった（図1-12参照）．安い外材の輸入増加，成熟した国内森林資源
の枯渇，戦後に造成した人工林の保育費用の増大などの要因が重なり，国有林
経営が最初の経営危機に直面したのが1971年であった．国有林経営の赤字は，
その直後に日本を襲ったオイルショックの影響で「狂乱物価」と呼ばれるほど
物価も木材価格も上昇したため，その後2年間は一時的に好転した．しかしそ
れは問題の先送りに過ぎず，再び75年に赤字に転落すると，あとは雪だるま
式に累積債務が膨らんでいった．国有林は73年，「新たな森林施業」と名づけ
られた新たな経営方針を策定し，それまでの木材生産重視から自然と調和した
森林施業に改めることとした．この流れは今日まで継続している．2001（平成
13）年には林業基本法が改正され，新たに森林・林業基本法となった．そして
そのなかでは，林業の振興と並んで森林の公益的機能の発揮が大きな柱と位置
づけられ，環境財としての森林の役割が増大している．

　民有林においても，昭和40年後半に表面化した経営悪化の構造は国有林と
同様である．その後20数年のあいだに，労働コストの増大，円高の進行等に

よる輸入外材の増加と木材価格の低迷といった国内林業を取りまく構造的問題
は深刻さの度合いを増している．図 1-13 に示したとおり，スギ 1 m³ の木材価
格で雇用しうる伐採作業員数は 1961 年をピークに減少を続け，1995 年にはつ
いに 1 人を切るまでになった．近年ではこれらに加え，採算悪化による手入れ
の放棄，林業後継者の不在，相続による所有の分散や不在村所有者の増加，伐
採後に再造林をしない経営放棄など，森林管理の根幹に関わる新たな問題も顕
在化し，いま日本の森林・林業は重大な局面にさしかかっている．

　日本の戦後の森林・林業政策は一貫して林業経営という産業活動を通して森
林資源の造成を図り，もって森林の公益的機能も高めていくという考えかたに
立っていた．森林所有者が自分の森林の経済的価値を高めるために手入れをす
るのは当然であり，ただ過伐や乱開発に走らないよう，要所を規制しておくだ
けで十分であった．

　しかしいま，林業は儲かるという前提がほとんど崩れようとしている．にも
かかわらず，山にはいまだに手入れの必要な若齢の人工林が大面積にわたって
存在している．人工的に作った森林は，かなり高齢になるまで手入れを続けな
ければ健全な状態を維持することができない．それは間伐などの適切な手入れ
をしなければ森林は混みあい，過密になった樹木はもやしのようになり，台風
などで一斉に倒れる危険が増大するからである．また暗くなった林内では林床
植生が消え，表土が流失し，森林の水土保全機能も損なわれる恐れもある．日
本の森林が木材を生産する場としての経済的価値を縮小したとしても，土石流
や山地崩壊，水害などの自然災害の発生率が高い日本において，森林整備を怠
ることは考えられないであろう．日本の森林政策は今，林業振興と森林整備を
別々に考えなければならない時期にきている．　　　　　　　　（白石則彦）

　1）1976 年，国有林が知床半島の付け根に位置する天然林の伐採を計画し，一部の
　　老齢な樹木を選んで行なう抜き伐りは活力の低下した森林を若返らせると主張して，
　　経済的価値の高い木を中心に伐採しようとした．これに反発し全国から駆けつけた
　　自然保護団体の人びとが，身体を樹木に縛るなどして伐採を阻止しようとし，営林
　　署の職員らと衝突した．その模様がマスコミを通じて報道され，国有林の過剰な伐
　　採とやや感情的な保護運動の象徴といわれた．
　2）スーパー林道とは奥地に残された森林を伐採し，その後は観光等にも利用するた

めに 1965 年度より全国の奥地林に開設された高規格の林道である．南アルプス・スーパー林道も同様の目的で着工されたが，構造線にかかるもろい地質のために崩壊があとを絶たず，国有林の開発優先の姿勢が世論の大きな批判を浴びた．

泉　桂子（2001）「横浜市水道水源かん養林の形成過程」『東京大学農学部演習林報告』
　　105 号，pp. 11-78.（泉　桂子（2004）『近代水源林の誕生とその軌跡』東京大学出
　　版会.）
ウェストビー，ジャック・熊崎　実（訳）（1990）『森と人間の歴史』築地書館.
内野達郎（1978）『戦後日本経済史』講談社（講談社文庫）.
押田勇雄（1985）『人間生活とエネルギー』岩波書店（岩波新書）.
澤潟久孝（1958）『萬葉集注釈巻第 3』中央公論社.
佐原　真（1994）『斧の文化史』東京大学出版会（UP 考古学選書）.
鈴木雅一（2002）「航空写真による最近 57 年間の丹沢山地北部の崩壊地と森林の変遷」
　　『砂防学会誌』54 巻 5 号，pp. 12-19.
筒井迪夫（1995）『森林文化への道』朝日新聞社（朝日選書）.
ドヴェーズ，ミシェル・猪俣禮二（訳）（1973）『森林の歴史』白水社（文庫クセジュ）.
所　三男（監修）（1977）『木曽式伐木運材図会』徳川林政史研究所.
日本林業調査会（編）（1997）『日本の森と木と人の歴史』日本林業調査会.
日本林業調査会（1998）『日本の森林・林業 1997』日本林業調査会.
農林統計協会（1998）『図説林業白書 平成 9 年度版』農林統計協会.
氷見山幸夫（編）（1992）『日本の近代化と土地利用変化』文部省科学研究費重点領域
　　（近代化と環境変化）報告書.
本州製紙再生紙開発チーム（編著）（1991）『紙のリサイクル 100 の知識』東京書籍.
松崎敏英（1992）『土と堆肥と有機物』家の光協会.
FAO（2001）*Forest Resources Assessment 2000*, Main Report.

2 生活者にとっての森林環境
──ふれあい活動と風景

2-1 生活設計としての森づくり

2-1-1 日本の自然は「原生自然」なのか

　日本は，国土面積の約3分の2を森林に覆われた緑豊かな国であり，古くから自然と親密につきあってきたといわれている．ただ，この「自然」という言葉が意味するものは表2-1に示すとおり非常に多様であり，各人が抱くイメージには人によってかなり差異があると思われる．そして，現代人の多くが「原生自然」に近いイメージを抱いているのではないだろうか．しかしながら実際には，日本の自然において原生的な自然が占める割合は実際にはそんなに多くない．

　1990（平成2）～92（平成4）年に実施された環境庁の第4回自然環境保全基礎調査によると，自然への人為の関わりかたの度合いで10区分する植生自然度に関して，人為の関わりかたが少なく原生的自然を示す「自然度10～8」を合計しても24.5%にすぎない．一方，人為の加わった森林に関しては，「自然度7の二次林」18.7%と「自然度6の植林地」25.0%とを合わせると43.7%となる（表2-2）．これらには奥山の人工造林地や居住地・農地周辺の森林などが含まれており，日本の国土面積の4割余り，そして森林面積のほぼ3分の2が人為の加わった森林であることがわかる．こうした人為の加わった森林のうち居住地周辺で人びとの生活と深く関わってきた森林は「里山」と呼ばれ，近年，関心が高まってきた森林である．

　この里山は従来，日々の暮らしの燃料であった薪炭材の確保や，堆肥や刈敷など農業用肥料としての落葉や林床植生の採取，そして木材の生産と，人びとの生活のなかでさまざまに利用されることで持続的に管理されてきた森林である．つまり，里山とは人びとの生活と結びついて保育，更新されてきた居住地周辺の森林の総称といえる．その様相は地域によって異なっており，地域の気

表2-1　「自然」が有するイメージの広がり

次元（軸）	広がり（事例）
空間スケール	（小）◀━━━━━━━━▶（大） 路傍の草花　　　　地域基礎としての地形
時間スケール	（短）◀━━━━━━━━▶（長） 朝日・夕日　　　　　　　　季節感
人　為　性	（人為）◀━━━━━━━━▶（原始） （創造）◀━━━（復元）━━━▶（保全） 街路並木・運河　　　　　　天然林
具　象　性	（具象）◀━━━━━━━━▶（観念） 植物・水・虫　　気象・天象　地球環境
親　近　性	（親近）◀━━━━━━━━▶（畏怖） 飼育中の昆虫　　　　　　　深い森

表2-2　全国の植生の植生自然度別に見たメッシュ数と出現頻度

植生自然度	区　分　内　容	第3回調査		第4回調査		増　　減	
		メッシュ数	比率(%)	メッシュ数	比率(%)	メッシュ数	比率(%)
10	自然草原	4,038	1.1	4,011	1.1	−27	0.0
9	自然林	66,979	18.2	66,394	18.0	−585	−0.2
8	二次林（自然林に近いもの）	20,046	5.4	19,733	5.4	−313	−0.1
7	二次林	70,484	19.1	69,030	18.7	−1,454	−0.4
6	植林地	91,029	24.7	92,072	25.0	1,043	0.3
5	二次草原（背の高い草原）	5,737	1.6	5,626	1.5	−111	0.0
4	二次草原（背の低い草原）	5,939	1.6	6,498	1.8	559	0.2
3	農耕地（樹園地）	6,798	1.8	6,817	1.8	19	0.0
2	農耕地（水田・畑）	76,945	20.9	77,311	21.0	366	0.1
1	市街地・造成地等	14,841	4.0	15,420	4.2	579	0.2
	自然裸地	1,392	0.4	1,416	0.4	24	0.0
	開放水域	4,170	1.1	4,211	1.1	41	0.0
	不明区分	72	0.0	71	0.0	−1	0.0
	計	368,470	100.0	368,610	100.0	140	0.0

『環境白書』（平成15年版）

候風土や地域ならではの自然との関わりかたがその生態系や景観に現れている.
一般的には, 関東から東北, 北陸にかけてはコナラやクヌギ, クリなどを中心
とした落葉広葉樹林が多く, 近畿, 中国を中心に西日本ではアカマツ林が広が
っている. また, 戦後はスギやヒノキの林に転換されたものも少なくない. 人
手が入ることで林床が整えられ, 日光の射しこむ明るい森林が形成されるケー
スが多く, こうした森林に依存して生息する野生鳥獣や昆虫, そして林床の草
花やキノコなど多様な生物とともに, 身近でなじみ深い自然として認識され,
食生活や野遊びなど生活の記憶と深く結びついてきた. 田畑や家屋と合わさっ
た景観は原風景として郷愁の対象でもある.

　昭和30年代の中期ごろまでは, まだまだ燃料として薪が使われるなど, 里
山や草地など里地の二次的な自然環境は日常生活や第一次産業とも深く関わっ
ていた. しかしながらその後, 近代化が急激に進展する過程で, 林業の構造的
不振や農業における機械化や化学肥料化などにより両者は徐々に遊離していき,
里地の二次的な自然は放置されたり, 都市的な土地利用への転換が図られて,
衰退や荒廃が進んでいる. いまでは, こうした旧来の人と自然との循環系にも
とづいて維持, 管理されてきた里山などの二次的自然が放置され, 景観面から
もまた国土保全の面からも, そして身近な生態系の保全の面からも問題が指摘
されている. 現代における生活様式や価値観の変化に伴い, 森林から生活に必
要な諸産物を得て, その行為が森林の状態を維持するという, 里山を持続的に
管理してきた地域の循環型のしくみが失われてきており, 放置林が増加してい
る.

　原生自然の保護と身近な自然の保全　こうした現代における里山環境の急速な
衰退, 荒廃は, いわゆる自然破壊としてイメージされる原生自然の消失とはメ
カニズムが異なっている. 人による開発行為が自然を消失, 変化させているだ
けではなく, むしろ人の手が入らず放置されていること, つまり適切な管理と
いう人為が入らないことも大きな要因となっているのである.

　里山を守り現状を維持する, 少なくとも良好な環境として保っていくために
は, 適切に人手を加える必要がある. これが自然の営みによって維持されてい
る原生自然の保護とは基本的に異なる点である. 原生自然の保護では, 極力人

図 2-1　原生自然の保護（尾瀬・左）と二次的自然の保全（埼玉県三芳町・右）とでは，「人為」に対する考え方が正反対である.

為による影響を排していくことが基本であるのに対し，里山や棚田などの環境保全では，まず適切な人為を加えることを考えねばならない．囲い込み，放置しておけば，森林は鬱蒼と密生し日照が通らなくなり，陰樹である常緑広葉樹林へと変化し，里山の植生に依存していた鳥獣や昆虫も変化していく．里山の自然と豊かにふれあっていきたいと望むなら，里山の維持，管理を担う覚悟が必要であるといえよう.

　ところが現代の日本においては，自然の性格によっては，可能な限り人為を排除しつつ保護していくよりも，むしろ手を加えたほうが良いということが十分に理解されているとは言い難い．現代の人びとの間には「自然環境の保全＝原生自然の保護」という図式が色濃く刷りこまれており，森林などの自然環境に人為を加える行為は，すべて自然破壊であるとの認識が強い．こうした「原生自然」が，素晴らしくかけがえのない自然であって，後世のために保護すべきであるとの認識は近代になって形成されたものである．日本においても，近世以前の奥山は「異界」であり，神や魔の世界であり，一般人が足を踏みいれる場所としてイメージされず，むしろ畏怖され敬われる存在であった．それがロマン主義を背景に，19世紀後期のアメリカでイエローストーンやヨセミテが国立公園化され，原生自然の保護が明確な形となり，原生自然に対する認識を確立したといえよう．その後，近代化，都市化が著しく進展する過程で開発圧が高まり，原生自然の貴重性や重要性がクローズアップされて，「自然」に対する人為の介入を是としない価値観が高まっていったと考えられる.

図2-2　「森」や「林」を名称に用いた旅行
パッケージもある.

図2-3　農山村など自然と循環的な関わりが
創出した景観への関心の高まりは世界的な傾
向である.

　身近な二次的自然への関心の高まり　　しかしながら，ここへ来て，観光やレク
リエーション活動や日々の生活の中で自然とのふれあいという観点が注目され
るようになり，原生自然だけでなく，人と自然とが深く関わってきた二次的な
自然が再認識されるようになってきた. 農村や田園に対する関心が高まってお
り，グリーンツーリズムが注目され，心やすらぐ田園景観や自然と共生する暮
らしの体験を求めて農山村を訪れる人びとが増えてきた. 春の田植えのころや
秋の実りの時季にはカメラを抱えて農山村を歩く人の姿を見かけることも少な
くない. 棚田や藁葺きの集落をはじめ農山村をテーマとした写真集なども書店
に並んでいる.

　農村や田園だけではない. 大都市を中心に，周辺の森林を楽しむ人たちも増
えている. 楽しみ方はさまざまで，ハイキングやピクニックはもちろん，鳥や
草花などの観察会，木工や染色などのクラフト，そして森林を会場として美術
展や音楽会を開催したり，下草刈りや間伐などの森林管理作業をレクリエーシ
ョンとして楽しむ人たちも出てきた. 森林に対して，地域の人びとや自然を求
める都市住民の生活の場としての認識が高まりつつある. 森林と共生する，い
わば森林を「庭」として楽しむような新たなライフスタイルが生まれつつある
と考えられる.

　こうした人と自然との共生が生みだした農村や森林への関心は，日本だけの
話ではない. 従来，原生自然と歴史的な人工物に焦点を当ててきた「世界遺産」
に，1992 年から文化的景観の概念が導入された. この文化的景観とは，人が

動的に関与しながら維持されている景観を指した概念であり，1995年にはフィリピン・コルディレラの棚田が文化遺産として指定された．世界的な傾向として，19世紀ごろから育まれてきた原生自然の非日常的で清浄な景観から，人びとが環境と共生しつつ時間をかけて形成してきた身近な景観へと，その関心の重点を移してきていると考えられる．

2-1-2　現代人の自然とのつきあいかたとは

　では，現代の人びとは自然とどのようにつきあおうとしているのか．前項で触れた農山村や里山への関心の高まりは，実際にその生態系や景観が失われつつあることへの危機感だけに起因しているのではないと考えられる．近代において人の暮らしと自然との遊離が進み，自然との関わりが失われてきたことに疑問がもたれ，自然との「ふれあい」あるいは「共生」といった言葉で表現されるように，双方向の関わりが再び求められていることにほかならないと考えている．教育や健康回復，レクリエーションなど，現代の生活に即した人と森林との新たな関わりを試みながら，新たな循環型の共生関係を構築してゆくことが求められている．

　観光・レクリエーション志向の動向　現代の人びとが森林などの自然と，どのような「ふれあい」を求めているかについては，近年における観光・レクリエーション志向の変化にも表れている．情報化社会や成熟社会などポスト産業化社会論や「近代」の再評価が論じられ，時代の転換へ向けての大きな潮流を感じさせる今日，観光・レクリエーションに対する志向も1980年代から変化が顕在化してきた．たとえば，一時期大きな関心を集めた「リゾート」は，企業や行政，地域など供給サイドの問題として取りあげられがちであるが，実は観光・レクリエーション需要の変化を象徴するものである．バブルがはじけ，企業主導の大規模施設整備は大きな禍根を残してしまったが，滞留・滞在活動を通して土地・地域の自然や歴史とゆっくりかつ深くつきあうことを楽しむという，本来のリゾート需要は着実に伸びている．こうした近年の観光・レクリエーション志向の変化傾向として，以下の2点について述べておきたい．

　①環境そのものの資源化：低廉で清潔な公的宿泊施設や便益施設，列車や自

動車などを活用しつつ，移動を基本とした周遊観光が中心であった時代（昭和30年代〜50年代前半）には，可能な限り数多くの優れた観光資源を訪れ，多くの非日常的な刺激を得ることが観光の楽しみの中心であった．こうした「移動・刺激」を基本とした周遊型の観光へ大きく傾斜した振り子が，揺れを戻しつつあり，ゆっくりと滞在して，環境や場，空間のよさや魅力を深く味わうことが志向されてきている．

　このように近年では，自然観察会そして農山村生活や農林業体験に代表されるように，自然環境や生態系に深く接し，その過程で自己の新たな側面を開発したり，発見したりすることが重要な楽しみの一つとなってきている．視覚的側面だけでなく，音，味，匂い，肌触りなどの感覚への関心が高くなっており，資源の評価基準が，視覚を中心とする「美」から，五感のすべてを要する「快」へと移行している．つまり，五感のすべてを通して感得される空間の雰囲気が快適であるか否か，そして理想の自己を実現する舞台として適当であるか否かが問題にされるのである．つまり単に美しい「景観」（狭義）を対象化して観賞することから，身を置く「空間」の快適性を五感で楽しむことが求められるようになってきたといえよう（図2-4）．

　こうした動向は，環境あるいは空間そのものが資源化してきたことを示していると考えられる．狭義の自然景観の美しさを対象化して評価するのではなく，自分がなかに入りこみ自己を発展させる舞台としての環境・空間が資源として評価されるようになってきたといえよう．地域の自然や歴史に対する理解を深め，場や空間の特性や魅力を深く味わうことを楽しむようになってきている．

　②自己実現型の楽しみかたへ：このように環境や空間が資源化している背景には，その楽しみかたの変質も大きく関わっている．観光の諸動向をみると，「移動」しながら多くの優れた資源を「受動的」に楽しむことから，「滞在」して地域の自然や歴史を深く「能動的」に味わうことが，そして優れた資源が与えてくれる「刺激を享受」することから，場との能動的な関わりのなかに新たな「自己を実現」することが求められるようになってきている．つまり，楽しみかたの形態は「移動型」から「滞在型」へ，そしてその目的は「刺激享受型」から「自己実現型」へ変化している（図2-4）．周遊型の観光が確立した昭和30年代，40年代には，景観資源としてのポテンシャルの高い刺激を受動的に

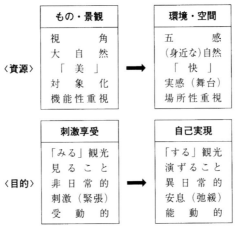

図2-4　観光・レクリエーション志向の変化傾向

楽しみ，心を強く動かす（感動する）ことへの志向が中心であった．それが近年，何気ない身近な環境を舞台としつつも，それらと深く能動的に関わることで，新たな理想とする自分の演出や，日常とは異なる自分の発見を楽しむことへと比重を移してきている．環境を受動的に楽しむだけでなく積極的に働きかけ，その対話のなかから環境の素晴らしさを発見し，一連の活動を楽しむのである．

　体験型の観光，クラフト，キャンプ生活などへの志向の伸びは，そうした傾向の表われであると考えられる．日常生活圏とは異なる場において，地域の自然環境や社会・文化環境と関わりあい，日々の生活とは異なる日常や自分を楽しむ形式ということができよう．つまり，観光やレクリエーションを日常性，生活，自分に引きつけて考えるようになってきており，より豊かな生活をおくるうえでの手段として，より実感を伴ってとらえられるようになってきたといえる．

　森林のふれあい資源性　身近な森林が「ふれあい」という面で資源化してきた背景には，以上に述べたような大きな志向変化がある．つまり，景観の非日常的な美しさや自然の希少性よりも，その場所でどれだけ豊かな活動が展開でき

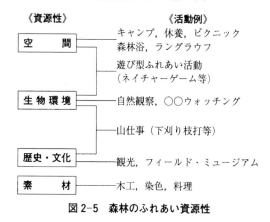

図 2-5　森林のふれあい資源性

るかが求められるようになり，多様な活動が期待できる森林が資源化してきた
といえる．「資源化」するとは，それまで十分に認識されていなかった側面が
社会において意味をもつようになることである．従来，観光・レクリエーショ
ン資源としては，赤沢自然休養林や京都嵐山など，優れた森林に限られていた
ものが，価値観（志向）の変化に伴い，さまざまなタイプの森林が資源として
の可能性をもつようになってきた．近代化の過程で，森林に対して木材資源生
産の場としての認識が支配的となったが，ここへ来て経済的価値観で評価され
るだけでなく，森林がふれあい活動や生活の場，つまり，生活環境としてもと
らえられ評価されるようになってきた．

　この顕在化してきた森林のふれあい資源性とは，どのような側面であるのか，
図 2-5 に示す 4 点を指摘しておきたい．

　①まず「空間」とは，森林，樹木が創りだす「空間」そのものが資源となる
場合である．森林空間を構成する要素や林内の雰囲気，緑陰などが活動の質を
根本的に左右するものである．展開する活動は，滞留・滞在型と移動型に大き
く区分されるが，前者はキャンプなどが該当し，後者には森林浴，散策などが
該当する．特に，前者は複合的な活動であり，後述する諸活動を取り込みなが
ら複合的に楽しむものである．

　②次の「生物環境」にも 2 つの側面があり，一つは「生態系」の問題であり，
さまざまな植物や鳥類，昆虫などの諸生物の生息環境としての側面である．も

う一点は「動的環境系」ともいうべき点であり，森林は自身が成長すると同時に，周辺環境や人びとと関わりながら常に変化し，その際に適正な管理を必要とするという点である．前者の活動としては自然観察などが該当し，後者は近年クローズアップされてきた山仕事のレクリエーション化などが該当する．

　③そして3点目は「歴史・文化」の側面である．森林が人びとの暮らしとどのように関わってきたのかについても，地域によって特徴があり，地域とふれあうレクリエーション活動，たとえばエコミュージアムなどでの重要な資源となりうるものである．吉野や京都北山などにおける独特の施業方法や，それが創出する景観などは，その典型というべきものであろう．

　④最後の4点目は，森林を構成するさまざまな要素が人びとの創作活動の「素材」となるという側面である．最もわかりやすいケースが木工であり，その他料理，染色など，さまざまな活動が考えられる．

　もちろんこれらの4側面は相互に関連しあっており，結果的には複合的に楽しまれるものである．また，志向の変化は，すべてが完全に変わってしまうわけではなく，主流が移行するだけである．したがって，従来からの資源やその楽しみかたも選択肢の一つとして残されるわけで，以前からの優れた森林が資源としての意味をもたなくなるわけではない．

2-1-3　人が楽しく過ごす森林とは

　では，新たなふれあい資源性を発揮する森林とはどのような形態をもっているのか，さらにはその資源性を増進させるにはどのような整備が必要であるのか．当然，従来からの経済林としての良し悪しとは異なる判断基準が存在するはずである．自然や森林に対する新たな動きをさらに充実させていくためには，人びとが森林にどのような活動を求めているのか，そしてその活動をより豊かに，より快適に行なうためには，「どこに」「どのような」森林が必要であるかを明らかにする必要がある．快適生活という観点からの適正な森林の配置や，整備・管理の水準が設定され，生活の場としての森林環境が整えられていくことになる．

新たな資源性に対応した森林の形態　　基本的には，「活動選択に関して自由度の

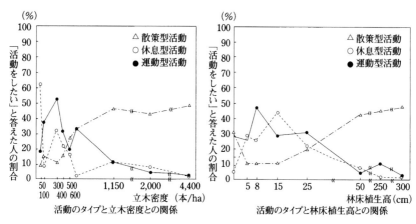

図2-6 立木密度・林床植生高と活動タイプ別の志向 （藤本 1978）

高い，舞台としての森林」が求められる．そのためには生物相の面でもまた景
観的にも「多様性を有した森林」であり，林内でのさまざまな活動を誘発する
「快適で明るく活動しやすい森林」が必要となる．たとえば，自然観察にして
も散策にしても，やはり人工林の一斉林（単一の樹種の林）よりも樹種の多様
な雑木林のほうがより豊かな活動や体験が期待できる．また，躊躇なく林内に
入りこむことができ，滞留・滞在型，移動型の活動が活発に行なわれるために
は，林床（森林の地表部分）が整えられると同時に，明るさや見通しを得るた
めの適切な立木密度が必要である．森林の樹種，樹木の密度や下草の状態など，
森林内の状況によっても人びとが行ないたい活動は異なる．たとえば図2-6
は森林の樹木の密度（立木密度）と，そこで活動したいと答える人の割合との
関係を休息型，散策型，運動型の活動区分別に調査したものである．300本/ha
程度の立木密度の森林において，休息型および運動型活動を行ないたいと答え
る人が最も多いこと，散策型活動は反応が異なり，1150本/ha程度までは活動
希望率が徐々に増加し，それ以上の密度になると横ばい状態になることが読み
とれる．また，横軸に林床の植生高をとった図からは，林床に50 cm以上の植
生が繁茂した林では快適性が損なわれることがわかる．

ふれあい活動の観点からの森林の配置 そして，一口に森林とのふれあい活動

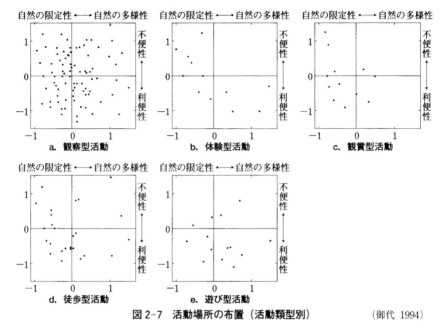

図2-7　活動場所の布置（活動類型別）　　　　　　　（御代 1994）

　といってもさまざまなものがあり，活動タイプによって要求する森林や立地の条件が異なる．図2-7は自然とのふれあい活動が行なわれている場所の立地特性を活動別に分析した結果の一部である．立地特性の分析軸として，自然性の程度とアクセスの利便性が抽出され，活動タイプによって実施地の立地特性が異なっていることがわかる．たとえば，学習性の高い自然観察型の活動はあまり立地を選ばないが，体験型の活動はアクセスの利便性が高い，もしくは比較的都市性が高い環境下で多く行なわれていることがわかる．

　このようにある程度の幅はあるものの，立地の諸条件と森林の形態によって，その場に最適なふれあい活動が決まってくる．ただ先述したように，何でもない森林でも資源となりうる可能性をもっているわけで，プログラムやインストラクター（指導者）による演出によっては楽しいふれあい活動の場として活用できる．したがって，地形や景観が変化する場所など，そもそもふれあい資源性が高い立地を中心としてふれあい利用に最適な森林を整備し，そこを拠点として周辺の森林などにおいて，それぞれに可能な活動を展開するという方式が

図2-8 農地や森林の管理作業をレクリエーションとして楽しむ人たちも増えてきた.　図2-9 森林を楽しむためにはプログラムやガイドの存在も重要である.

考えられよう.

　いずれにせよ,森林を十分に楽しむためには遊びかたや楽しみかたに工夫が必要である.したがって,森林とのふれあい活動を促進するためには,空間整備に加えて,「遊びかた,楽しみかたのプログラム開発やインストラクターの養成」が必要であることも強調しておきたい (図2-9).自然を認識し,つきあう能力が徐々に低下してきている今日,森林と豊かに親しむためには指導を必要とするようになってきた.空間の整備や選択への力点が減少してきた分だけ,楽しみかたへの工夫が必要になってきたといえよう.

2-2 地域らしさは森林の景観にも表れる

2-2-1 人は森林を見ているか

意識することの少ない森林の景観　森林を,地域で生活する住民や来訪する都市域の人びとにとっての生活の場として考え計画・整備していくためには,森林の「景観」についても検討する必要がある.森林が国土面積の3分の2を占める日本では,多くの場合,生活の場の背景には森林が広がっている.したがってことさらに認識することは少ないものの,日々,森林の景観を目にしている人は少なくない.

　日々何気なく目にしている地域の森林や樹木の景観は,地域の居住者,生活者にとってどのような意味があり,どのような役割を果たしているのであろう

図2-10　森林は「地」であり，意識されることの少ない存在である.

か．森林は多くの場合，地域の景観の背景となっており，ゲシュタルト心理学でいう「図と地」の関係では，主として「地」を形成している（図2-10）.「地」とは，ある形状をもって他と区別して知覚される「図」を取りかこみ背後に広がる領域であり，その存在自身が意識されることも少なく，役割についても問題にされてこなかったのであろう.

　しかしながら，背景である森林景観の表情が異なれば，たとえば仮に背景として広がる針葉人工樹林の景観が広葉樹の景観に置き換わったとすれば，地域の雰囲気が大きく違ってくることは容易に想像される．つまり森林景観は背景として機能することが多いため人びとに意識されにくいが，全体の印象には大きく影響し，地域に生活する人びとの地域への愛着や帰属意識にも結びついていると考えられる．森林は地域の人びとが，毎日の生活のなかで繰りかえし目にする景観であり，地域住民の心のなかに深く刻みこまれているといえよう．また，地域で生まれ育った人間にとっては，原風景を構成する重要な要素であり，故郷に対する懐かしさや郷愁を喚起させるものでもあろう.

　したがって，居住地域の背後に広がる森林を，一般的な抽象概念としての「緑」としてとらえたり，あるいは木材生産の場としてとらえたりするだけでなく，地域に暮らす人びとや都市域から訪れる人びとにとっての生活や活動の場を構成する重要な要素として，そのありかたを検討する必要があろう.

　そのためには，地域の森林景観の現状や特徴を分析・把握し，そのうえで地域にふさわしい整備や管理の方針を立案する必要がある．一般的には，前者の分析・把握は，主要な視点を定めたうえで視対象である森林までの距離（視距離）や，他の構成物との構図，斜面を見る角度，色やテクスチュアといった景観構成要素に関して分析を行ない，地域の現状や特性を把握するという作業である．また，後者は各地域の置かれた状況，条件に応じて，森林景観の目標像を明確にする作業であり，仮に流域で考えたとすると，表2-3に一般的な考えかたを示すように，各エリアにおける森林景観の役割や位置づけに応じて，取り扱いの方針を検討するものである．

　こうした景観の実態を把握・分析し，それをもとに景観を計画・デザインしていく技術は，近代において都市や自然風景地を中心にめざましく進展し体系的にストックされてきた．こうした技術をもっと有効に活用して森林環境の整備を進めていく必要があると考えている．

森林景観における地域性　日常生活の場における森林景観のありようを考えるうえでは，「地域」との関係を視野に入れるか否かで，その考えかたが大きく異なってくる．「地域」との関わりを考慮しない場合には，美しさや傑出性，良し悪しといった総合的な景観評価が中心となるのに対し，「地域」を念頭に置く場合には，地域個性や地域らしさが最も重要な課題となる．

　もう少し具体的に述べると，地域との関わりを考慮しないアプローチでは，森林を中心とする景観を一つの画像（視覚像）として切りとり，風致施業に代表されるような伐採面の見え隠れ，画像内の諸要素による構図の収まりやパターンの面白さ，色彩の美しさやコントラスト等，画像の形態が有する価値を分析，評価する．したがって，問題とする森林景観が，東北のものであろうと，九州のものであろうとあまり関係はない．画像としての森林景観を対象とし，その評価を左右する普遍的な要因を，構図論，人間の視知覚特性や社会・時代の価値観との関わりなどのなかに見いだし，汎用性の高い計画・設計論を目指すアプローチだといえる（図2-11）．

　一方，地域との関わりを念頭に置くアプローチでは，地域ならではの森林景観，地域らしさを反映した森林景観が問題にされ，その景観的特徴と地域の営

表2-3　地域区分による景観形成目標

キーワード	空間の区分				
	山間域（上流域）	観光・リゾート域	里山域	都市近郊域	都市域
量感	○				
地域らしさ	○	○	○	○	○
天然林	○				
非日常性		○			
快適空間(快適環境)		○		○	○
景観影響緩和	○	○	○		
見せる森林	○	○	○	○	
営みの表現形			○		
季節感	○	○	○	○	○
自然とのふれあい		○	○	○	
親しみやすさ				○	
修景要素					○

(堀・下村ら 1997)

みや文化との関係の解明がテーマとなる．たとえば，京都の北山スギは特殊な施業により成立している森林であり，その背景には，京都の長い歴史と文化が培った数多くの建築物や庭園との深い関わりがある．つまり京都という地域の歴史や文化が，この施業形態を，ひいては樹幹の見えに特徴のある森林景観を支えてきたといえる（図2-12）．北山のスギ林を東北や九州へもっていけばその魅力は半減してしまうであろう．したがって，画像としての普遍的な評価よりも，地域個性あるいは地域景観としての特徴がどこにあるのか，そしてそれが地域おける人びとと森林との関わりとどのように関係しているのかを明らかにすることに重点が置かれるアプローチである．

　前者のアプローチに関しては，これまでにも徐々にではあるが検討が進められてきた．京都の嵐山あるいは吉野の千本桜などに代表される観賞対象としての森林が分析され，要所にあって意識を向けられやすい森林について，豊かで

図2-11　パターンの美しさや色彩のコント
ラストなどの評価に関しては，「地域」はあ
まり関係しない.

図2-12　京都の歴史，文化と深い関わりの
ある北山の特徴的な風景.（撮影：山本清龍）

良好な森林景観のありかたや計画・設計手法についての検討が行なわれてきた.
しかしながら，地域の人びとが日常的に目にし，地域における生活の場を構成
する要素としての森林景観の役割やありかたに関しては十分に論議されてきて
いるとはいいがたい. もちろん両者とも必要なアプローチであり，どちらが重
要かという問いはナンセンスであろう. しかしながら，今後の地域づくりにお
いては，地域らしさの表出，個性的な地域景観の形成が大命題となる. 森林景
観に関しても，地域ならではの景観形成を目指し，それを支える地域独自の森
林との関わりかたを模索していく必要がある. 森林の管理や保全を林業のみに
依存せず，生活の場としての森林のありかたを追求するためには，地域性や地
域らしさを追求する「地域森林景観」とも言うべき考えかたが今後ますます重
要になってくると考えている.

2-2-2　各地の森林景観はどこが違うのか

地域森林景観の分析　地域森林景観では，地域の個性，地域らしさが問題にさ
れる. 地域らしさを保全する，あるいは地域個性をより明確に印象づける森林
管理のありかたの解明が究極の目標である. したがって，その地域森林景観の
追求にあたっては，
　「地域森林景観の特徴把握のための分析・整理軸を明確にすること」
　「地域の営みや歴史と地域森林景観との関わりを明らかにすること」
の2点が重要な課題となる.

　ここではその主要な分析・整理軸について，特徴的な事例における地域との関わりを交えながら展望を述べてみたい．森林景観のありようを考えるうえでは，本来は森林のみを取りあげるのではなく，地域景観を構成する他の要素，たとえば地形や森林以外の土地利用との組みあわせも考慮する必要があるが，論点をわかりやすくするために，森林のみにスポットを当てて述べることとしたい．また，ここでは地域の人びとの日常的な視線を重視し，近景から中景レベル（$10^2 \sim 10^3$ m 程度）の外景観（森林を外部から眺めた景観）を取りあげ述べることとする．

　①要素の多様性：まず第一にあげられるのは，森林景観の主要な構成要素である樹木の種類数についての分析・整理軸であろう．林業地では多くの場合，森林景観の構成要素数は限られている．つまり樹種としてはスギあるいはヒノキが中心であり，その構成要素の種数は少ない．しかしながら，都市近郊の里山やアクセスの条件の良い森林では，植栽されている樹木の種類も多様になる．東海道新幹線の車窓から眺められる静岡県中部の里山の景観は，種々の果樹をはじめとする多様な樹種からなる森林景観の一例であろう．そのほか，限られた面積ではあるが，集落や家屋周辺の森林も樹種数は多い．このように，森林景観を構成する要素である樹木の種類数も，地域森林景観の特徴を把握するうえで基本的な分析・整理軸の一つである．

　②樹種混交のパターン：混交パターンという点で特徴的な森林景観の典型事例が，宮崎県諸塚村のモザイク林である．南面する山腹にクヌギ林とスギ林がパッチ状に交互に分布しており，見事なモザイク林を形成している（図2-13）．この森林景観を形成し支えているのは，村の主要な産業であるシイタケ栽培と林業である．シイタケ栽培の原木供給を目的として管理されているクヌギ林と，高密度の林道網により支えられているスギ林とが混交し，特徴的なパターンを示している．小規模な私有林が多いことや，緩斜面で路網が発達していることなどの地域の諸条件があいまって形成された地域景観といえよう．このモザイク林は村の主要な集落や道路から眼にする位置に広がっており，村の人びとの，毎日の生活の背景として広がっている森林景観である．そしてその存在が知られるようになってからは，展望台も設けられている．

　この他，各地で山腹の低い位置にスギの人工林が広がり，その上部に広葉樹

図2-13　スギ林とクヌギなどのシイタケ原木林が特徴的なパターンを示す諸塚村のモザイク林.

図2-14　著名な林業地では大面積のスギなどの人工林の広がりが特徴の一つである.

林が広がるパターンを眼にすることは多い．また，後述する長野県開田村で見られる，農地，集落，草地と森林との位置関係も，地域個性を表わす特徴的なパターンとして取りあげることができよう．

　③面的広がりの大きさ：著名な林業地では，スギやヒノキの人工林が大面積にわたって広がっており，林業地を訪れたことを実感させてくれる（図2-14）．こうした面的な広がりの大きさも，森林景観の特徴を分析，整理する軸の一つである．著名林業地のように大面積にわたる森林の広がりが意識されるためには，単に森林という土地利用の面積が広いというだけでは十分ではない．森林が広く広がっていることと同時に，①の要素の多様性が低いこと，つまり樹種が限られていること，ないしは②の混交パターンが一定であることが必要である．したがって，この面的な広がりの大きさは，一定のパターンで広がる均質な森林の面積によって定量的に表わすことができる．

　④テクスチュア：テクスチュアとは木目（肌理：きめ）といわれるものであり，ものの表面状態を視覚的あるいは触覚的に表わす概念である．繰りかえされる明暗のパターンとして認識され，その間隔が広い場合には肌理が粗い，狭い場合には肌理が細かいと表現される．金属や人工素材による面は，このテクスチュアを欠いているために硬質に感じられる．このテクスチュアは景観に対して表情を与え，対象に対する親しみや味わいなど極めて情緒的な効果を含んでいることが指摘されている．

図 2-15　同じスギ人工林でも山との関わりかたの差異によって景観は大きく異なる．柔らかいテクスチャーを示す吉野のスギ山(左)と，整然として硬質な表情を見せる日田の山(右)

　森林の景観にとって，個々の樹冠の連なりが生みだすテクスチュアは，景観の特性を規定し印象を左右する非常に重要な要素である．森林の場合は，先述した中景域では樹冠の生みだす明暗のパターンがテクスチュアとして認識されるが，近づくにつれて枝群が，さらに近づくと一枚一枚の葉がテクスチュアを構成する．したがって，森林は常に豊かなテクスチュアを有する面として認識されることになり，表面に表情の乏しい金属やプラスチックなどの表面に比べ柔らかな面として受けとめられる．

　ここでは事例として奈良県・吉野と大分県・日田を取りあげてみたい．上の写真に示すように，両地域の典型的と考えられる森林景観を取りあげて比較すると，その表情には差異があることがわかる（図 2-15）．日田の場合には，そのテクスチュアを構成する要素である樹冠の形が揃っており，その配列も規則的で，全体的には整然とした印象を受ける．一方，吉野の場合には，日田に比べて樹冠の形状や配列が揃っておらず，バラバラではあるものの柔らか味のある印象を抱かせる．この差異に関してはまだまだ仮説の段階であり，結論づけるまでには，定量的な比較や，典型性，代表性に関する調査など，詳細な検討が必要である．しかしながら，両地域の林業が目指す方向や，それを支える施業形態の差異を考えると，その表現形である森林景観の上記の差異には納得がゆく．

　日田が効率の良い用材生産を目指し，形質の良いスギを挿木で植林し，比較的粗植で単伐期施業するのに対し，吉野は完満無節で通直な大径材生産を目指

図2-16　森林境界が明瞭に認識されること　　図2-17　林床が整っていることも森林境界
に特徴のある開田村の森林景観.　　　　　　　の明瞭さに関係している（埼玉県・三芳町）.

し，実生苗から高密植栽し，利用間伐を繰り返して長伐期に施業する．また，日田では8割以上をスギが占めるのに対し，吉野は適地適作でスギとヒノキを植栽している．こうした両地域の施業形態が先述した各々の森林景観の特徴を支えていると考えられる．

　⑤林縁の明瞭性：ヨーロッパ，特に英国の田園景観では林縁の長さ（境界線の複雑さ）が美観の要素の一つとされる．これは牧草地が森林に接し，その境界（エッジ）が強く意識されるためであろう．しかしながら，日本の場合，森林は水田や畑などと接し，その境界には水路や小径があったり，地形の傾斜地から平地への変化と林縁とが重なるためか，林縁を森林の境界線として強く意識することは少ないように思う．しかも，昭和に入ってから，草地が著しく減少している（この70年間に原野（草地）面積は8分の1に減少している）こともその傾向を助長しているのではないか．

　長野県開田村（図2-16）は，農耕馬である木曾馬と長く共存してきたことが背景となって，森林と農地や集落との間に，放牧地，採草地としての草地が広がっている．草地が森林と接しているため，アルプス的な田園景観を有する場所として，写真家には知られた村である．写真に見るとおり，森林の境界が意識され，その明瞭さが開田村の森林景観の特徴の一つであるといえよう．このように森林が草地と接する場合には，森林境界が地形変化を伴わず，敷地の連続性が意識されるため林縁が明瞭に認識されると考えられる．また，埼玉県三芳町の三富新田も，平地に展開する森林で地形に変化がないことに加え，林床

の管理が優れているため立地の連続性が意識され森林の有無が境界を形成している（図2-17）．このように，森林が草地と接するなど地形が連続していることや，林床が十分に管理されていることによってもたらされる林縁の明瞭性も，各地域の森林景観の特徴を整理・分析する軸の一つといえる．

　⑥樹幹の見えかた：また，本節の冒頭で述べた京都の北山スギに特徴的に見られる樹幹の見えかたも地域森林景観を特徴づける要素の一つであろう．改めて記述するまでもなく，京都の建築や庭園などの文化を支えてきた北山ならではの特徴的な施業体系が，樹幹の見えに特徴のある森林景観として表れたものであり，地域森林景観の最も典型的な事例である．また，岐阜県の今須林業地においても，従来からの集約的な施業形態が生みだした森林景観では，樹幹が見える点に特徴を有している．樹幹の見えかたの北山との比較に関しては今後の課題であるが，そのパターンには差異があるのでないかと考えている．このような樹幹の見えかたのパターンや，樹幹と樹冠の見えの割合などの指標によって，各地域の森林景観の特徴を定性的，定量的に把握することができると考えている．

新たなパラダイムとしての地域森林景観　以上のように地域ならではの特徴を有する地域森林景観を，森林管理の新たなパラダイムとして位置づける時期にきていると考えている．つまり木材生産の結果として現出する森林の様相をそのまま受けいれるだけではなく，地域森林景観の形成自身を目的化し，その実現のための方策（しくみ）を検討するという考えかたである．その方策は，従来からの林業に囚われる必要はない．保全制度の創設でも，観光・レクリエーション的な視点でも，またトラストや地場の諸産業との関わりにしくみを見いだしてもよい．

　たとえば，歴史的な街並景観で取り組まれているように，森林景観自身を保全することも考えてよいのではないか．つまり重要な景観として地区指定を行ない，保全に向けての優遇措置がとられる制度事業の創設なども検討される必要があろう．ただしその際，都市景観との差異にも留意する必要がある．都市景観の場合には，景観に手を加えることに対するコントロールを目的とするのに対し，森林景観の場合はむしろ手を入れることを促すことを目的とする点で

ある．森林景観は生物素材を基本的な構成要素としていることから，動的で
あることに特徴があり，森林景観を保全するためには，形成・管理してきたシ
ステムをも併せて保全せねばならない．このように，先行の都市景観に関する
制度なども参考にしながら，地域森林景観ならではの景観管理方策を構築して
ゆく必要がある．

　いずれにせよ，こうした地域森林景観の保全，あるいは回復，創造などが，
地域の状況に応じて検討される必要がある．神宮備林（伊勢神宮造営の木材を
とる林）としての歴史をもつ赤沢自然休養林の優れた森林景観などは，大径樹
を長伐期で育てるための施業体系とともに保全すべきであろう．そして先述し
た開田村では，観光・レクリエーションの視点から木曾馬を新たに位置づけ，
草地を回復して，森林や農地と一体化した地域景観の再生を試みることが検討
されている．また，現代の社会状況に応じた森林との新たな関係を築き，新し
い森林景観を創出することも考えられよう．

　このような地域森林景観の保全，再生，創造は，地域の人びとによって意思
決定され，そして，その実現に向けて森林との親密な関わりが模索される必要
がある．地域森林景観が地域の人びとと森林との関わりの表現形であることは
忘れてはならない．豊かで個性的な地域森林景観の形成を目的としつつも，そ
の景観を形成し支える方策として，地域の人びとと森林との関わりが促進され
良好な関係を新たに構築することが重要な課題である．人間の目は単に表面的
な景観の美醜をとらえるだけではない．景観のなかにそれを形成した背景とし
ての森林と地域の人びととの関係の豊かさをも鋭敏に感じとる．地域の人びと
の意識が森林から離れ，親密な関係が築かれていなければ，森林景観もまた豊
かさを伴わないと考えている．この「親密な関係の構築」が容易に実現される
とは思えないが，むしろ困難であるからこそ従来のしくみに囚われず，新たな
視点をから自由に発想し，さまざまに試みられるべきであろう．その際，地域
森林景観というパラダイムの導入によって，目標を具体的に設定し，戦略的に
試みていく糸口を与えてくれるものと考えている．

　個性的で豊かな森林景観を形成するためには，まずは森林景観のどこに特徴
があり，それがどのように形成されてきたのかを知ることから始める必要があ
る．そのためには，各地の地域森林景観の特徴を把握する手法の開発と，その

特徴を支えてきた地域ならではの森林との関わりに関する知見をストックしていく必要がある．そして各地域の地域らしさを顕在化させるような森林管理のありかたについて論議を深めていくことが重要であると考えている．

2-2-3　地域管理システムの転換

　最初に述べた森林を庭として楽しむ新しいライフスタイルは，森林管理という観点からも新たな動向といえる．これまで森林管理は作業面でも経済面でも林業や農業などに従事する人びとに任せてきた．しかしながら，森林を楽しむ都市の人びと，ひいては国民全員で森林を支える時代が来ているのではないか．首都圏の森林公園において，利用者にその維持管理費負担の意志を調査したところ，およそ8割が負担してもよいとの回答であった．そして負担してもよいとする金額の総額は，その公園の年間維持管理費のおよそ4割にあたると試算された．この結果は都市域の人びとが参加する新たな森林管理のありかたが現実味を帯びてきたことを示唆している．

　何度か触れたように，近年の社会的経済的状況から，地域の管理を従来からのしくみに依存することが難しくなってきている．農山村地域においては，従来，環境管理の多くを農業や林業など地域の第一次産業に依存しており，その環境は各地域ならではの循環型のしくみにより持続的に維持管理されてきた．しかしながら，一次産業の不振により森林や農地の経営が難しくなってきたことや，生活の近代化により自然との関わりに必然性がなくなったことなどから，地域の管理を農林業およびそれに従事する一部の技術者のみに依存することは難しくなってきた．

　こうした農山村における地域管理の構造的な閉塞状況と，一方での都市住民の自然に対する認識や価値の変容，人びとの流動の活発化を考えあわせると，都市を中心とする域外の人びとも，環境面での機能の受益者として地域管理に参加するようになることが自然のなりゆきであると考えている．農地や森林に対する環境管理ボランティアの活発化やエコツーリズムの台頭が，そうした動きを示唆していよう．従来のように「地域の環境」を「地域の住民」だけで維持管理するのではなく，「域外の人びと」も加えた交流型の新たな地域管理システムを指向していく必要があると考えている．

　そして，このような状況やシステム形成を進展させるためには，地域の個性的な景観形成が重要な鍵となろう．域外の多くの人びとをひきつけるには，地域ならではの個性的な暮らしや景観が必要である．今後は地域個性がますます重要な資源になると考えている．そして，この個性的な地域づくりはそんなに大げさなことではない．地域森林景観で例示したように，多かれ少なかれ地域ならではの環境との関わりかたは存在する．各地には，地域の風土や歴史に裏づけられた地域ならではの環境との関わりかたがあり，それによって形成され支えられてきた個性的な地域景観がある．

　したがって，それを景観として顕在化させるには何がポイントであるのかという点と，生活様式の変化に伴い失われつつある景観を支えるしくみをどのような形で保全あるいは代替させるのかが検討される必要がある．場合によれば，新たな生活様式をも加味した新たな個性的景観の創造が指向されてもよい．いずれにせよ，そうした検討を進めるためには，地域の人びとが，地域の個性つまり地域ならではの環境との関わりかたについて認識することが何よりも大切なことである．地域の人びとが地域を知らずあるいは誇りに思わずして，域外の人びととの真の交流はありえない．地域の個性的な生活景の保全・創造の検討が，新たな交流型の地域管理システム形成に向けての糸口になると考えている．

　今日，社会の大きな構造的変革期を迎えており，今後は森林の新しい楽しみかたや管理のありかた，地域の個性的な景観の保全や創造などを視野に入れ，森林との新たな共生像を明らかにしつつ，それを支える森林を保全・整備・管理する方策の体系を構築していくことが重要な課題であると考えている．

（下村彰男）

御代一秀（1994）「自然とふれあう活動の立地特性に関する研究」（東京大学大学院農学生命科学研究科森林風致計画学研究室修士論文）．

下村彰男（1999）「地域森林景観試論」『森林科学』第 27 号，pp. 20-25.

藤本和弘（1978）「樹林空間の活動と評価に関する研究」（東京大学大学院農学系研究科森林風致計画学研究室修士論文）．

堀繁，下村彰男ほか（1997）『フォレストスケープ：森林景観のデザインと演出』全国林業改良普及協会．

3 生産者からみた森林
——木材の利用と森林への活力付与

3-1 木を伐ることの意義

3-1-1 林業とは？

木材は循環再生資源　森林から産出される木材は，燃料として，あるいは柱や屋根・壁・内装をはじめとする建築材料として，多岐にわたり古くから利用されてきた．産業革命以後，石油・コンクリート・鉄などの，効率的で単目的に優れた原材料におされてはいるが，木材は太陽エネルギーを固定した森林からの循環再生資源として，古くからの価値がいささかも減ずるものではない．むしろ，その生物材料としての人間や環境に対するやさしさから，その多用が望まれる．また，木材は文化を創出する紙の原料としても重要である．ここで木材利用の視点から，森林に対する人間の関わりかたを考えてみよう．

　まず，森林にまったく手をつけないという場合がある．極端な場合，立ち入りも禁止される．種の多様性の保全，自然の荘厳さを地球の自然遺産として後世に遺していくための原生林保存，自然の遷移や生態系の観察などのための学術参考林，宗教的意義を有する聖なる森林などがある．ある程度の広い面積を有していれば，自然の総体としてのエコ・ミュージアムともなる．このような豊かな森林は人類の精神生活をも支えるものである．

　しかし，森林の木材としての利用をすべて禁止することは，化石資源などへ負荷をかけることである．そもそも私たちが生活していくうえで，食糧やエネルギーなどの資源は節約できても根本的には必要不可欠である．森林を環境的にも資源的にも，持続的に上手な利用を図っていかなければならない．

　森林の機能　森林の機能も，木質材料利用のための経済資源としての森林，水資源を涵養する森林，防風林，文化性や象徴性を帯びる森林など，さまざまにわけて考えることができる．もちろんこれらの区分は人為的なものであり，

重複もある．森林は生命をはぐくむ有機的な遺伝子資源の宝庫であると同時に，かけがえのない地球の陸上環境を形成していることをつねに忘れてはならない．

過去数千年間，植物の光合成による地球上のCO_2（二酸化炭素）の消費量は，全生物の呼吸と腐敗によるCO_2放出とバランスを保っていた．このことにより大気中のCO_2濃度は長いあいだ0.03％（275 ppm）に保たれていた（小宮山1995）．産業革命以降，化石燃料の大量で急激な放出と森林面積の減少により，この濃度が上昇していることは，地球温暖化現象として問題化しているとおりである．

森林は成立して長い年数がたつと，植生が安定して極盛相（クライマックス）を迎える．このような状態では光合成によるCO_2の固定と，森林内の生物の呼吸と腐敗によるCO_2放出とが均衡し，森林全体の蓄積（木材の幹材部分の体積）の増加もほとんどない．ただし，森林が蓄えている炭素の蓄積は土壌中や根株も含めて大きいので，このような森林が伐採や焼失によって消滅すればCO_2が放出されることになる．森林が土壌中に蓄えている炭素の量は，深さ50 cmまででも，日本では数十〜400 t/haちかくになる（河田 1989）．森林が裸地化すると，表土の有機物や養分の流出，減少が始まる．森林面積の後退が憂慮されるゆえんである．

木が森のなかで枯れて朽ちはてていく過程で，そのメカニズムに大きく関与するキノコや虫は鳥や動物のえさになる．これらの動物は植物の種子散布に関わり，糞尿や死骸は窒素肥料を供給する．枯れ木の洞は動物のすみかを提供する．このように生態系では枯れ木にも役割がある．自然界のしくみはまことに巧妙である．

ちなみに森林内で，たとえば500年生きた木は土に帰るまで500年かかるといわれている（こぶとち出版会 1997）．検証は難しいと思われるが，これより分解が遅ければ，森林は枯れ材で埋めつくされるであろうし，早ければ，林床は全くきれいに清掃された状態になるであろう．

天然林の林業　活力の衰えた木を伐ったり，天然にあれば枯死して腐朽していく老齢木の幹材を，腐るまえに森林から取りだして人間が利用するものとすれば，これが林業の一つのありかたであるともいえる．

図 3-1　東京大学北海道演習林（2003 年）
このような亜寒帯針葉樹と冷温帯広葉樹の針
広混交林は，世界でも限られた地域にわずか
な面積しかない．ここから現在年間約 4 万
m³ の木材が伐出生産され，天然更新へと循
環している．

**図 3-2　東京大学北海道演習林の天然林択
伐施業**（51 林班）（1994 年）1957 年に蓄積
は 263 m³/ha であったが，10 年ごとに材積比
率で 16 % の択伐を行ない，1998 年の 5 回目
択伐直前には蓄積 403 m³/ha の森林にまで質
が高められた．

　これが当初原生林であれば，人手が入ることにより原生状態ではなくなるが，
天然の更新力が働くので天然林とよばれる．天然状態の森林を構成する樹木は
年齢も稚樹から老齢木まで連続し，大小さまざまである．老齢の大径木が搬出
されると，そこに光が射しこみ，下層に控えていた多くの幼齢木や中径木が成
長と新たな競争を開始し，やがて上層木になって世代交代をする．
　一例をあげると，北海道のエゾマツやトドマツの幼樹は，人の背丈に満たな
い状態で日陰で 50 年から 80 年近くものあいだ耐えている．周囲の択伐や倒木
などによって光条件が恵まれるようになってから成長を開始し，ようやく中層
木となる．そして，樹冠が林冠を構成する上層木になるまで，あるいはなって
から，樹木の寿命の間際にむかって旺盛な成長をする．
　富良野にある東京大学北海道演習林は，原生の森林を受けついで永続的に施
業することを前提に，稚樹から老齢木までの立木構成を連続して維持しなが
ら，上層木を中心に成長量の増大を図る天然林択伐施業を 100 年にわたって行
なっている（図 3-1）．具体的には，里山では森林の蓄積の年平均成長率を 2.07 %
として 10 年（回帰年）で原蓄積に復帰するよう材積にして 16 % の単木択伐を
行ない，奥山では年成率を 1.16 % として 20 年の回帰年で 17 % の単木択伐
を行なっている（高橋 2001）．元本ともいえる原蓄積を永続的に維持し，択伐

を回帰年ごとに繰りかえすことによって，同時に林分を改良し，森林の質と蓄積を高めている（図3-2）．人工林の成長量に比較して天然林の成長量が低いものでないことが実証されている．天然林をベースに高い土地生産性と収益をあげている．天然林施業は，天然林に人為を加えることにより，天然林の遷移と成長を早め，成長量を高める作業ともいえる．

　前述したように，自然界では寿命を迎えた大きな木は寿命がつきるとキノコが生えて腐朽し，やがては枯れて，風や雪などで倒れる．林内の倒れた樹幹によそから種子が着生して稚樹が生じ，更新していくことがある（倒木更新，図3-3）．北海道でも，エゾマツなどの倒木からエゾマツ，トドマツなどが倒木更新している．この稚樹への水分やリン，窒素養分などの供給には外生菌根菌（がいせいきんこんきん）が関与している．

　人間による伐採では倒した木を持ちだすので倒木更新は望めないが，伐採跡に生じたギャップに種子が自然散布され，陽光を導入することで稚樹の発生を促したり，下層の稚樹を育てていくことができる（天然下種更新）．あるいは，ここで人間が苗木を補植することもある．このような伐採は木材を有効利用し，次世代の更新にも手を貸すことになる．さらには，生態系の遷移を考慮に入れながら，人間が望ましいと考える有用樹種へと積極的な誘導を図っていくことも可能である．もちろんこのような作業を行なうときは，環境への配慮と，それを裏づける林業技術が必要であり，伐採量は森林の持続的生産を損なわない量以下に抑えられる．

木材の利用と木炭の効用　自然界にあれば，巧みな生態系のバランスで分解まで数百年かかる大木や，人工林のように60〜70年で育てた木材で建てた住宅を30年くらいで建てかえて消費してしまうならば，やがて森林資源は疲弊する．人間界に伐りだした木材は家具・住宅・紙などの形で大事に長く使いたい．木材は燃やしてもCO_2として本来は再び植物に固定されるが，化石燃料を一方で大量に使用していれば，限られた森林面積ではCO_2は帰るべきはずの森林に帰れない．

　木材を炭などにして土壌改良剤や調湿材などとして半永久的にストックすることもできる．木炭は燃料や，製鉄，化学工業の炭素材料以外にも，さまざま

図3-3　北米の原生林

Darius Kinsey（1869-1945）は，北米の森林とそこに働く人びとをひたすら写真に撮った．写真は倒木更新の写真で，モミ，シーダーが壁のようになっている（ボーン＆ペチェック『森へ』より）．樹齢千年以上，倒木も千年以上とすれば，このような林相が誕生するには，少なくとも数千年はかかったであろう．左下矢印は Kinsey の助手．木の大きさがわかる．Kinsey の写真集をみていると，新大陸，生命，環境，資源消費と繁栄など，いろいろなことが想起される．

な効用をもっている．その構造が木材由来の多孔質であることから，保水性，透水性が高く，また，吸着面積が広いため，においや有害ガスを吸着する脱臭効果に優れている．この性質を利用して，土壌に混用することにより，水はけを良くし，通気性を高め，保肥性を増す．無数の孔が微生物のすみかを提供し，植物自体が発生する毒素をも含む汚染物質を分解する．孔は空気を抱き，地温を保つ．木炭の成分は，炭素のほかにカルシウム，カリウムなどのアルカリ成分からなり，重量の2～3％の灰分を含むので（農林水産省林業試験場 1982），植物の成長を促進する．黒炭自体 pH 7.1～9.4 のアルカリ性である．土に施用しても，pH の大きな変化はないが，土の酸度を整え，土壌中の水と空気をマイナスイオン化する．このことにより作物は頑強な体質になり，耐病性も高まるとされている．また，木炭は炭素として安定しているため，腐食しないことから，かつては境界の印として埋設されたこともある．

　人工林林業　伐ったら植えるという行為は，早期の森林再生として必要である．一斉に植林された若木は成長が旺盛で，それだけ CO_2 の固定速度も大き

く，木材生産方法として効率的である．木を伐って，植える，この行為を繰り
かえして木材を有効利用しながら適地適木の自然に従って循環再生していくの
も，もう一つの林業のありかたである．

　天然林では，林冠を構成する上層木が陽光を最も受けて，樹木の寿命の間際
にむかって旺盛な成長をするということをまえに述べたが，これに対して人工
造林は若齢時に陽光を浴びさせる．天然林と人工林は人手のかけかた以外に，
太陽光の利用も根本的に異なる．

　砂漠や荒廃地での新植は，新しい森林の出現で CO_2 が固定されることにな
り，砂の移動を抑えたり，気象を緩和し，穏やかな環境を創成する（内村 1946）．
しかし，本来森林が生育しにくい土地，荒れはてた土地の植林は，苗木や人員
の輸送，柵を作ったり，灌漑したりと，非常にエネルギーのかかる仕事ではあ
る．

3-1-2　なぜ間伐は必要か——木を伐ることが山を育てる

　人工林のしたてかた　「木は伐っても森は伐るな」という言葉がある．木を伐
ることが山を育てる，あるいは山を良くするには木を伐らなければならない．
このことについて，ここでは間伐を例に紹介する．そのまえに人工林のしたて
かたについて概説する．

　苗畑などで育てた苗木を山に植えて，森林にしたてる人工造林は，単位面積
あたりの木材収穫量が短期間で多くなるように，土地生産性を上げようとする
ものである．皆伐跡地の枝条を整理（地こしらえ）して，まず苗木を密植する．
密植は早くからたがいに苗木を干渉させながら競争を促進し，幹を丸くし，上
へ上へと真っすぐに育てるために行なう．粗植では最初から枝が張ってしまい，
枝に養分をとられて養分のむだ遣いも多い．明治のころは 1 ha（100 m 四方）
あたりに 1 万本以上植えたところもあるが，人件費や苗木代の関係から，いま
は森林経営にもよるが 3000 本前後である．

　植栽後，成長が盛んな周囲の草に苗木が覆われて光が届かなかったり，夏場
蒸れたりしないように，苗木が草丈を超えるまでの期間，苗木周囲の草を刈っ
たり（下刈り），巻きつくツルを切ったりする（ツル切り）．苗木が成長して，
樹木間同士の競争が盛んになると，樹冠下方の横に伸びた枝をある程度の高さ

まで元から切りおとす枝打ちをしたり，被圧木や形質不良木を切る除伐を行なう．このとき，それまで鬱閉（閉鎖）されて暗くなった林内は明るくなる．枝打ちは樹冠上部の成長を促して樹木を通直で完満（根元から上部まで同じ太さ）に育てるとともに，枝の切り口が木質部に巻きこまれることにより，将来材木としたときに節が現れないようにすることが本来の目的である．余分な枝を落とすことにより，水分の無駄な蒸発散を抑えることにもなる．

　間伐と主伐　植栽した樹木が足場丸太や杭材，製函材，集成材などとして利用できるころになると，材積あるいは本数にして20〜30%程度の間伐（thinning）を数年ごとに数回行ない，目的とする木の大きさの年齢（伐期齢）に達すると後で述べる主伐を行なう．

　間伐には大きくわけて，林木の樹冠からみた優劣，材質の良否を基準として間伐木の選定を重視して行なう定性間伐と，伐期までの生産期間の立木密度を調節しながら間伐量に重点を置いた定量間伐とがある．

　間伐は，人工林を育てていく過程で欠かせないものである．植栽木の競争を緩和して残存木の成長を促す．残存木は限られた養分，光を有効利用できることになる．適切に間伐が行なわれた森林は優良な木材を産出し，単なる材積以上に価値成長の増大をもたらす．一方，搬出された間伐材もいろいろな用途に利用される．

　主伐には，一斉に全部伐る皆伐方式がある．その後植林すれば，若木の成長は旺盛で，CO_2固定の面でも効率がよい（図3-4）．皆伐は木材を集める集材費用を安くできる．しかし，植林を怠ると，土壌侵食や養分流亡，草地化など，環境破壊を引き起こしやすい．また，皆伐すると柱材として高く売れる直径22〜24cmの木の割合は3割くらいで，直径が太くて将来高価となる大径木や，伐採時期を少し遅らせれば柱材になる小径木も含まれてしまう（酒井 2004）．皆伐は計画性を伴わないと，やがて森林経営を圧迫する．

　また，主伐期を迎えた人工林や，前節でも述べたように成熟した天然林では，主伐として経済的に価値の高い木や形質不良木，成長の衰えた木，ほかの木々の成長を阻害している木を数年サイクル（回帰年）で選択的に収穫する択伐方式（selection cutting）がある．森林に一度に大きなダメージを与えず，更新を

図りながら森林の成長量に見あった伐採収穫をすれば，蓄積量を一定に維持することができる．

　なお，択伐は，その後の更新や持続的生産を考えずに経済的に価値の高い木ばかりを伐採する略奪的選択伐採（selective cutting）とは異なる．また，林道や作業道などの路網（3-2節で後述）が不十分な状態で択伐を行なおうとすると，採算をとらなければならないために，いきおい伐採率を高くしたり，高価な木や大径木から選木しがちになる．このような択伐が繰りかえし行なわれていくと，回帰年を長くしないかぎり，森林が劣化していくことが懸念される．

　東京大学北海道演習林では，面積約2万2800 ha の林内に約930 km の林道網を作設し，その密度は40 m/ha 以上に達している．このことは経済的に価値の低い低質木の搬出も可能にし，図3-2で述べたように択伐によって伐採と同時に森林の質を高めている．

　人工林は手入れが必要　人工林は，天然林が貴重で木材の利用が盛んな場合には，合理的な森林の扱いといえる．しかし，人工であるからして，その過程のいずれかで手を抜くと，人工林はたちまち過度の競争状態に陥り，健全ではなくなる．伐期を数十年に想定して作られた人工林では，若いうちに下枝を下ろしたり，密植しているので，根も張らずひよわにできている．また，密植した状態で放置された人工林は，ツルが絡んだり，森林全体が一斉競争で弱りかけている（図3-5）．このような状態で間伐などの手入れをおろそかにすると，風や雪，病虫害に弱くなり，災害を引き起こしやすい．こうなると最悪の場合，CO_2 の固定どころか，放出源となる．

　人工林は樹種が単一で，生物相も貧弱で，暗くて下草も生えない，一雨降れば土砂が流れ出てくる，などと散々にいわれている．しかし，これは人工林自体が悪いのではなく，手入れを怠っている人間社会の側に罪があるといえよう．第二次世界大戦で，山の木が伐り尽くされ，都市は焦土と化し，戦後しばらくは台風のたびに水害が全国に発生し，多くの人命と財産が奪われた．復興を願って伐採跡地にスギ，ヒノキなどの針葉樹の植林がされた．そして1955年ごろから始まった燃料革命によって，将来の木材成長量増大を見こんで，広葉樹薪炭林から針葉樹に林種転換する人工造林の積極的拡大がされた．折しも漂白

図3-4 日本の針葉樹人工林
（茨城県大子国有林）急傾斜地に見事に植林されている．皆伐箇所を分散し，皆伐後は植林している．一斉同齢林が伐期（伐採期間）にわたって均等に存在する状態を法正林という．

図3-5 手入れが放置されている人工林
全体が枯死しかけており，風による折損木が生じはじめている．竹林の侵入が始まっている．

技術の進歩によって広葉樹が製紙用クラフトパルプに使用されるようになり，1953年からセミケミカルパルプ，ケミグラウンドパルプが広葉樹利用拡大を目的として製造開始されるにおよび，広葉樹の需要にも拍車がかけられた．

　奈良県吉野地方のように300年も続く伝統的な林業地もあるが，かくして日本の人工林は国土の27%を占めるにいたった（1章参照）．『森林・林業白書』などによれば，50年生以下の若い人工林を中心に，現在，全国の年間蓄積量増加は伐採量を差し引いて約7000万 m³ となり，数字のうえでは日本の木材輸入量に肉薄するほどになっている．しかしいま，日本は海外の天然林から安価な木材を買ってきており，年間木材輸入量は国内需要量の80%以上を占めるに至っている．

　半世紀前，復興を願って植林した人工林も，育つころには人間側の都合で目的が変わり，公益的機能重視に軸足が移っている．昭和初期の世界恐慌時に救済事業として植林された森林が戦後の高度成長を支えたこともある．森林の役割が社会の都合で変遷しようと，森林がある以上，更新に手を貸し，撫育，保全する森林作業を欠かすことはできない．

　間伐の効果　間伐の効果を年輪から実際にみてみよう．図3-6の針葉樹人工林の年輪をみると，ある時点から周囲との競争によって目が詰まってきている．

 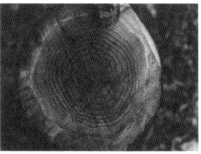

図3-6　間伐の効果　　　　　　　　図3-7　無間伐の年輪

ちなみに図3-6の成長旺盛な人工林の材はアメリカ・シアトル市近郊で撮影したものである．北米は開拓時に原生林を伐り，近年までその後の天然再生林を伐ってきた．そしていま，人工林植林を行なっている．

　そして，写真に示した時点で周囲の間伐を行なうことにより，再び残存木の成長が盛んになっている．図3-7は，間伐をまったくしなかった場合である．若いときは成長が盛んであるが，やがて樹木同士の競争が激しくなり，12，3年生くらいから年輪の目が詰まってきている．間伐をしなかったことにより成長が長期にわたって阻害され続け，年輪を数えると40年以上も樹木が死蔵されたことになる．それだけに経済的および価値（品質）の損失もはかりしれない．このような状態では，林内は枝と枝がふれあい，光が林地に届かなくなり，下草も生えなくなる．とくにヒノキ林では常緑で枯枝が落ちにくく，林地に落ちたその鱗片葉が分解しやすいため，間伐が遅れると林床が裸地化し，土壌侵食も生じやすい（図3-8）．

　天然林の択伐においても，均等にうまく成長してきたものや，周囲の木が伐られることにより成長が急激に伸びていたり，図3-7のようにある時点で成長が止まっているものもある．天然林択伐作業を行なう場合には，森林管理技術者の日ごろの観察が重要である．択伐する木の選木にあたっては，単に大きな木から伐るのではなく，どの木がどういう遺伝子をもっていてその森林のためにはどの木を残したらよいか，択伐後，その森林を風や乾燥などから保護するにはどの木を当分残しておいたらよいか，この木を伐ることによってほかの木々が素直に育ち，成長が格段によくなるか，など総合的に判断していかなけ

図3-8 間伐遅れのヒノキ林（左）と間伐を行なった森林（右）

間伐が遅れている傾斜地のヒノキ林では土壌侵食により根元が洗われている(左). 2年前に間伐を行なった森林（スギ林）では下層植生が繁茂している(右).

ればならない. そして森林は自然の理に則って静かにかつダイナミックに動いているのである.

3-1-3 間伐による環境への効用は

間伐はこのような本来の造林上の目的のほかに, 近年は森林の公益的機能増進の環境面からもその推進が叫ばれるようになっている. 健全な林業経営による CO_2 の固定量増加に加えて, 間伐を行なうことにより, 林地に光が届き, 林床植生が繁茂し, 傾斜地においてはこれらの下草が降雨に伴う表土の流出を防備する（図3-8）. 陽光によって地温が上昇し, 土壌生物の活動が活発化し, 落葉落枝などの有機物の分解が促進される. さらに, 植物が直接吸収できるように窒素やリンなどの養分物質が無機化されるとともに, 土壌の団粒構造が発達し, 保水力が高まる. 樹木が間引かれることにより, 無駄な蒸発散が抑えられて, 水源涵養機能を増す. このように間伐の励行は水土保全にも資する.

また北海道東部の原野状態の山火事跡地を植林したパイロットフォレスト事業（1957～66年に植林）は, まず成長が早い本州のカラマツを植林し, ある程度成林した後に数列おきに列状に間伐を行ない, 間伐跡にはトドマツを植栽したりしている. 最終的には郷土樹種からなる森林造成を意図したものである（図3-9）. 森林の成立によって下流では水質が浄化され, 海岸ではカキの養殖が可能になった. 長期的展望に立って, 国土改善と環境創生となった例である.

**図3-9　パイロットフォレストのカラマ
ツ林**（1983年撮影）

　　　　毎年春の訪れとともに問題になるス
ギ花粉症問題の緩和のためにも間伐の
推進は必要である．大量のスギ花粉は，
間伐が遅れることにより枝葉がこすれ
あってスギが息苦しくなり，本能的に
子孫を残そうとすることに起因すると
いう説もある．花粉症は医療費の増大，
労働意欲低下など，そのデメリットは
国民全体に及ぶ．間伐してもすぐに樹
冠が鬱閉するので，花粉の削減に大きな効果がないという意見もあるが，間伐
なり枝打ちを励行することにより，その分花粉の飛散量は少なくなる．そもそ
も間伐しなければ，冒頭述べたように，林木の価値の成長は望めない．

3-1-4　間伐が進まないのはなぜか

　間伐の困難さ　しかし，間伐は，小径木を対象とするため伐出生産の能率が
上がらない，枯死木や形質不良木が多く含まれるのでせっかく搬出しても使い
みちがなく売れない，伐木のたびに伐倒木が隣の残存木にかかる「かかり木」
が生じ，この処理に多くの時間を要し，作業も危険である，さらに残存木の損
傷や林地土壌の攪乱に配慮しなければならないなどの宿命的ハンディを抱えて
いる．加えて日本は地形が急峻である．このように間伐は大変困難な作業であ
る．だからといって，間伐を避けて通るわけにはいかない．外材が安いからと
いって，森林という環境は輸入できない．ここに森林土木学や森林機械学，森
林利用学などの研究分野の一つの意義がある．また，木材の価格が安い状況下
で，間伐や下刈りなどの森林保育作業を誰が行なうのか，という問題がある．
日本の間伐問題は，将来の国土保全の問題でもある．

　木材価格のしくみ　ここで木材価格について簡単に説明しておこう．林業で
は，市場価逆算式という式に基づいて，木材の市場価格から市場までの搬出諸
経費を差しひいた金額が立木の売り払い価格（立木価格）として森林所有者の
手元に残る．これを木代金などとよんでいる．電力などのエネルギー料金も市

場競争が取り入れられてはいるが，基本的には原価計算で消費者価格が設定されており，この点が立木価格の場合と大きく異なっている．

　もともと地形条件のよいところに天然林が生育していたり，あるいは人件費が安い国際競争力を備えている木材輸出国でも，機械化などによりさらに搬出経費を安くすべく努力しているから，市場経済下に置かれた丸太価格は，長期的に下がる一方である．また，一定の品質，規格でロットがまとまらない国産材は，樹種や製品によっては外材より安い場合も生じている．1986年当時1 m³あたり1万4000円以上していたスギ立木価格は，現在（2003年）7000円を下回っている．ヒノキも同じく1986年当時1 m³あたり2万9000円以上していたが，1万4000円近くにまで下がっている．日本の農林規格にあわせた製材品が木材運搬船で大量に輸入され，自動車などを積んで帰っていく．日本が貿易黒字になれば円高となり，外材はますます安くなる．1985年9月にニューヨークのプラザホテルでドル高是正に対する協調介入の合意がなされ，86年4月以降円高が急速に進展した．以後，国産材にとっては全く不利な条件下におかれることになる．85年2月の時点で1ドルは260円であった．

　林業の担い手　森林が多面的な公益的機能を発揮していくためには，森林の管理，手入れを行なう林業の担い手が山村にいて，林業が存立しながら森林が健全に撫育，管理されていくのが理想である．そのためには材価が安い状況下でも林業で生活できるようにしなければならない．

　技術的には日本の作業条件に適した環境に低インパクトで，高い生産性と低コスト化をもたらす林業機械化による木材生産・収穫技術を開発，導入したり，林業現場での道路網などの生産基盤の強化が必要である．そして雇用を確保し，収入の安定と安全作業を保証していかなければならない．山村が地域社会として機能するには，学校や病院，行政サービスなども必要であり，ある程度の人口を養っていく必要がある．林業だけでなく，観光やきのこ栽培，農産物などの関連産業により，幅広い雇用を創出することも考えなければならない．

　しかし，林業機械化によりある程度のコストダウンを果たしたとしても，一般に賃金は上昇し，世間の他の職種の賃金相場というものがある．森林作業者を確保するために物価や相場に応じた賃金を支払うとなると，山元の立木価格

は抑えられてしまうことになる．育林から加工流通に至る川上から川下の各段
階において，総じて川上の森林所有者に最後のしわ寄せがいっている構造にな
っている．木材価格が木材搬出費に比べて十分高く，木材生産が盛んで人件費
が安い時代には，森林を管理，育成してきた森林所有者にも十分手元に木代金
が残った．しかし，昨今のように木材価格が安くなると，せっかく育ててきた
森林を立木で売って，伐採後新たに植林すれば，手元に現金はほとんど残らな
い．少ない収益をめぐって，森林作業に従事する人に世間の相場以上の高収入
をもたらしたいという一方で，環境面で多大な貢献をしてきた森林を育て，管
理してきた森林所有者に少しでも多く還元したいということは両立が難しい状
態にある．

市場経済のなかで　このように市場経済にさらされた木材価格には，環境へ
のコストが反映されるしくみにはなっていない．都市に住んでいる人が資源と
環境を消費していることもあわせ考えると，このような市場の矛盾やひずみに
対して，今後，税や規制，補助等により，市場経済の欠陥を是正していくこと
も考えていかなければならない（重栖 1997）．山村は都市が必要とする水源に
位置し，風土，生存環境の原点でもある．また，間伐材を日常の生活でふんだ
んに利用しうるよう，需要の開拓と，環境に配慮したライフスタイルの構築や
それに向けた教育が今後必要である．

3-1-5　どのように樹木を伐採し搬出するのか——林業で活躍する機械

　間伐に限らず，林業は急峻な山岳地で，環境に配慮しながら木材という重量
物を経済的に安全に運び出すところに，高度の専門性がある．森林という生命
集合体，自然が相手であるところに，生態的配慮も求められる．

林業機械化以前・戦前　ここで林業機械化の歴史を簡単に振り返り，最新の林
業機械について紹介してみよう．木材の搬出は，機械が出現する以前は，人力
や馬や牛などの畜力でそりや荷車を牽引したり，修羅とよばれる丸太を円弧状
に並べた滑り台を幾段にも組んで山中から木材を滑落させた（図3-10）．水場
まで集められた木材は，せきとめた沢の水の放水と同時に1本ずつ一度に流下

図 3-10 修 羅
（「美濃飛騨伐木運材図」より）

図 3-11 最新の自走式搬器

させたり（管流し），下流である程度の水量が得られると筏を組み，大勢の人たちによって組織的に消費地まで運ばれていった．

　1906 年に青森大林区署管内で津軽ヒバ開発のために青森〜蟹田〜金木・喜良市間 67 km に森林鉄道が起工され，1910 年から運転を開始した．ヒバは地元消費のほかにも 1891 年に青森まで開通した東北本線を使って消費地まで運ばれていった．

　一方，山岳地の木材搬出には，ワイヤロープを空中に張って，搬器という道具に木材を吊るす方式が古くから実用化されている（図3-11）．図3-12 は集材機というウィンチと動力源を使って，逆勾配や長距離でも運転できるように工夫した「架空線集材方式」とよばれるものである（後述）．

　1911 年，台湾に高低差 2244 m の阿里山森林鉄道が完成し，1933 年には大形蒸気式集材機がアメリカから輸入され，集材機で集材し，森林鉄道で運材する北米式のスタイルが確立された．阿里山で多くの技術者が養成され，各地に技術を伝播していった．その後，ガソリン集材機の輸入，その国産化や，1924年の北海道陸別営林区署におけるトラクタ雪上そり運材，関東大震災復興のためのトラック運材開始などの動きがみられたが，第二次世界大戦前の林業機械化は，豊富な天然林資源を控えた木曾，青森，秋田等をはじめとする御料林，国有林や，北海道の製紙産業等に限られており，民間においては依然人力や畜力が主体であった．

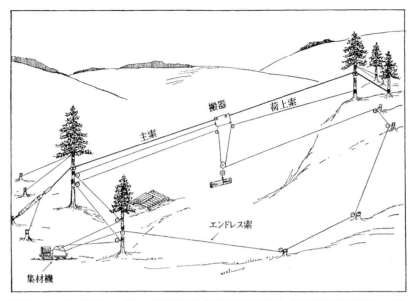

図3-12　エンドレスタイラー式索張り方式（林業機械化協会『図説集材機索張法』より）

第二次世界大戦後　戦後，航空機技術者が農業機械用の小形エンジン製作等の民需産業に転身し，林業機械においてもチェーンソーや集材機の設計，製作に従事した．1950年ごろには軽量の国産集材機が誕生し，その後改良が加えられ，いまなお活躍している．集材機ドラムのモノコック構造や，自動変速器，油圧機器の採用に航空機技術の応用をみることができる．戦前すでに紹介されていたアメリカの架空線集材方式に搬器を操作する索（ワイヤロープ）をエンドレス索にした日本独自の索張り方式が開発され（図3-12），現在に至るまで多用されている．索張り方式にはいろいろな種類があるが，エンドレスタイラー式といわれるこの方式は，日本の地形や作業条件に適するものであった．

　ポータブルな動力鋸は1920年ごろにすでに開発が始まっているが，重いため一人では作業できなかった．現在の形の一人用チェーンソーが日本において実用に供されるのは，1954年の5月の暴風雨と15号台風（洞爺丸台風）による北海道の2200万m³に及ぶ大量の風倒木処理を契機としてである．同じくこの風倒木処理に，枝を払った長材（全幹材）のまま集材するクローラ式（履帯式，キャタピラ式）トラクタ集材が日本に定着した．チェーンソーとトラク

タ全幹集材の組みあわせはいまなお世界的な作業方式である．1966年ごろから車体屈折式ホイールトラクタが国産化されるようになり，緩斜地の集材作業に普及していった（図3-13）．

間伐用小形機械　戦後植林された人工林が間伐期を迎える1975年ごろから，各種の小形林業機械が開発された．数馬力程度の小形集材機で林内にジグザグに張った索を循環させながら，これに間伐材を一定間隔で吊して搬出するジグザグ式（モノケーブル）や，モノレールなどがある．

　一方，林内作業車とよばれる林業用小形集材車両が開発された（図3-14）．その種類，大きさも，車幅1.2mクラスのゴムクローラ式（履帯が鋼製でなくゴム製）から，車幅1.4mの4〜8輪車両まで，ニーズや地域の特色に応じて多様であり，最近は大形化の傾向にある．林道の開設が困難な日本の小規模経営の民有林では，簡易に作設できる作業道（本章2節以下参照）と組みあわせて，その役割が大きいものとなっている．木材の積込み，荷下ろし作業も，当初人力で行なっていたが（図3-14），1980年代中ごろから油圧駆動のグラップルクレーン（図3-15）が北欧から導入され，トラックをはじめとしてグラップルクレーン搭載の車両が急速に普及していった．グラップルクレーン搭載の林内作業車は，北欧にならってフォワーダとよばれるようになっている．さらに，林内で広範囲に能率よく伐倒された木材を集めることができるように，架空線集材用の元柱を鋼製組立て式タワーにして車両に搭載し，道路沿の間伐材などを機動的に集材していくタワーヤーダが開発，導入されている（図3-16）．

チェーンソー　日本のチェーンソー普及台数は約30万台になる（2000年）．チェーンソーの普及に伴い，不幸なことに1959年ごろから作業者の手に振動障害があらわれはじめた．1969年には，チェーンソーの使用は1日2時間，週5日，連続作業時間10分以下とするなどの対策が講じられた．その後低振動・低騒音チェーンソーの開発，改良が進められ，その性能は格段に向上してきている．60ccクラスのチェーンソーについてみると，1967年当時，振動加速度が10gをこえる機種もあったが，1975年には2gとなり，81年には1gを切る機種も現れている．騒音レベルもかつては115dB以上であったが，現

図3-13　車体屈折式林業用ホイールトラ　図3-14　林内作業車（1981年栃木県）
　　　　クタ

図3-13は車体を屈折して操舵するため，旋回半径を小さくすることができ，内輪差が生じず，狭い林内を走行する林業用に適している．車輪式のため，道路での走行速度も大きい．

図3-15　グラップルクレーン搭載の林内作業車（フォワーダ）（1992年北海道）

図3-16　タワーヤーダによる集材作業
写真は群馬県利根村にある林野庁林業機械化センターにおける林業機械オペレータの実習（1992年）

図 3-17　チェーンソーによる枝払い作業　**図 3-18　国産プロセッサ（枝払い・玉切り機）**（1997 年）

在は 100 dB 以下にまで下がっている（上飯坂 1990）．日本で開発された水平対向二気筒エンジン搭載のチェーンソーは，電子部品により対向シリンダの着火タイミングを同期化し，対向シリンダの軸線を接近させて直角軸回りの慣性力を小さくし，両シリンダの排出ガスを干渉させて振動や騒音の低減に成功した．振動対策としてこのほかにも，エンジンに防振ゴムを配置してハンドル構造で懸架したりしている．チェーンソーの功罪は別にして，1 分間に刃部が数千回転もするチェーンソーは，機構，安全装置，防振装置から材質，メッキに至るまで，細部にわたり吟味されている．チェーンソーほどロングセラーで，これからも当分利用されることが予想される産業（林業）機械も少ないであろう．

　最新の林業機械　このように，森林内での伐倒や，集材作業の技術革新が行なわれてきたが，1985 年ごろからチェーンソーを主体とした枝払いコストの割合が，集材やトラック運材と並んで相対的に高くなってきた（図 3-17）．そこで，伐木造材作業にプロセッサ（枝払い・玉切り機）やハーベスタ（伐木・枝払い・玉切り機）が導入されるようになってきた．プロセッサは，グラップルで木材を挟みこんで，相対するローラの回転で木材を送りだしながら固定した刃で枝を払い，所定の長さを送ったらチェーンソーや丸鋸で鋸断（玉切り）するというものである（図 3-18）．地形が許せば，立木をつかんで，根元を鋸断し，プロセッサと同様にして枝払い・玉切りを行なうハーベスタや，立木の伐木を専門とするフェラーバンチャという機械が使用される．これらの多工程

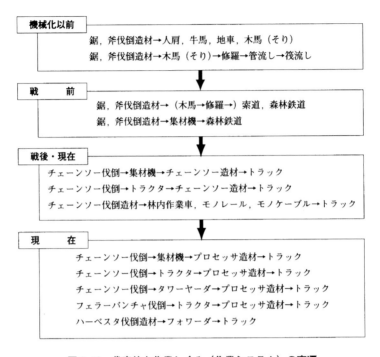

図 3-19　代表的な作業しくみ（作業システム）の変遷

処理機械を『森林・林業白書』などでは高性能林業機械とよんでいる.

　伐木, 枝払い・玉切りなどの造材, 集材, 市場までの運材の各工程における作業の組み合わせを作業しくみというが, その変遷を図3-19にまとめる.

　林業機械はつねに時代の最先端の粋である. 人件費の上昇と材価の低迷, 林業従事者の高齢化の時代の流れのなかで, 林業機械はたえず技術革新を求められている. 林業作業は, 化石燃料がない時代には人力や畜力, 重力（浮力）が利用されたが, 近代に入って, 社会情勢に対応しながら林業機械化の努力が営々と重ねられてきた. 木曾では, 明治初期にかけて多くの人の経験と技術開発の試行の繰りかえしによって確立された筏流（ばつりゅう）も, 増大する輸送量には追いつけず, 1923年度の事業を最後に森林鉄道へと切り換えられていった. その森林鉄道も戦後, 牽引（けんいん）する全車両のブレーキを同時にかけることができる貫通エア

ブレーキの実用化により列車編成で下り運材ができるようになって技術の集大成をみたときには自動車の時代になり，木曾では1975年に約60年にわたる幕を閉じている．国有林においては，ピーク時の1952年度には6183 kmの軌条が覆っていた．いずれも短時日のうちに転換を余儀なくされ，転職や廃業も伴っている．時代を象徴したこれらの技術体系はチームワークを必要とし，多くの人の知恵が結集した森林文化ともいえる．その知恵の伝承もいまや大いなる努力なしには難しくなっている．

3-1-6 森林作業の将来は

高い伐出技術レベル　最後に日本の木材の生産費用をみてみよう．図3-20は1989年度から97年度にわたって国有林の素材生産現場を選んで調査された伐木造材から集材までの生産性 x（m³/日）（1日あたりの木材生産量）と生産コスト y（円/m³）の関係である（酒井2004）．

　森林の作業現場は，工場の生産ラインとちがって，地形，木の大きさ，伐採率など，作業条件が同じところはない．作業システムをみると，どれ一つとして同じものはなく，プロセッサやハーベスタを中心にして，チェーンソーやトラクタなどの従来からある機械も含めてさまざまな機械を組みあわせている．しかし，y は，すべての現場を通じて作業システムによる差異がなく，次の1つの式に回帰することができるという興味深い事実がある．最適の作業システムを構成し，使いこなしているという日本の伐出技術レベルの高さに驚かされる．

$$y = 78776/x + 3168$$

　図3-20から，生産コストを下げるうえで生産性を上げることがいかに重要であるかが確認される．生産性が約40 m³/日以下と低い場合には，生産性のわずかな違いによって生産コストが大きく変動する．上式の第1項は，賃金と機械の減価償却費の1日あたり各単価（円/日）を生産性 x で割ることにより求められる木材1 m³ あたりの費用である．生産性 x が低い場合には人件費と機械の減価償却費の影響が非常に大きく働くことになる．しかし，生産性が50 m³/日以上になると，生産性によって生産コストはそれほど変わらなくなり，第1項よりも第2項の定数項の影響が大きくなってくる．この定数項は機械の

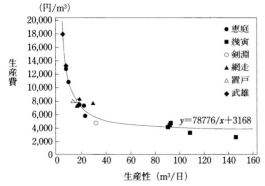

図 3-20　生産性 x（m³/日）と生産費 y（円/m³）の関係

恵庭；ハーベスタ・フォワーダ，幾寅；フェラーバンチャ・チェーンソー・スキッダ・プロ
セッサ，剣淵；フェラーバンチャ・チェーンソー・グラップルソー，網走；ハーベスタ・チ
ェーンソー・トラクタ・グラップルクレーン，網走；ハーベスタ・チェーンソー・トラクタ
・フォワーダ，置戸；ハーベスタ・フォワーダ・グラップルクレーン，佐賀武雄；チェーン
ソー・タワーヤーダ・プロセッサ．

維持管理費と消耗品費からなる．生産性を上げるほどこれらの費用もかかって
くるが，生産性と相殺されて 1 m³ あたりの単価はそれほど変わらないと仮定
している．

　集材する木が大きいほど生産性にとっては有利に働くが，図 3-20 で高い生
産性を上げている北海道幾寅，剣淵の現場は天然林の択伐林である．とくに
90 m³/日以上の高い生産性を実現している幾寅では立木の大きさが平均 0.42
〜0.59 m³/本となっている．そのほかは第二次世界大戦後に植栽された針葉樹
人工林で，地形や伐採率などの作業条件にも影響されるため生産性は 5〜32 m³
/日とばらついているが，ほとんどがまだ 0.3 m³/本以下の大きさである．

　日本林業の未来　適切な作業システムを選択することによって，今後もしば
らくは上式のカーブが変わらないものとすると，図 3-20 の x＝20 m³/日付近
の集団が，森林資源の成熟化とともに生産コスト 5000 円/m³ 以下の曲線平坦
部にむかって駆けおりてくることが期待される．生産コストが 5000 円/m³ 以
下のレベルで安定化すれば，国際競争力も生じてこよう．生産性に対する生産
コストの変動も少なくなるので，環境により一層配慮した作業を行なう余裕も

図 3-22 作業道

図 3-21 林道

生じてくることになる．戦後日本の人工林がここまで育つのに多くの苦難があったが，これらの森林資源を大事に扱うならば，森林国としての日本の未来も開けてくるだろう．

3-2 森をつくる林道

3-2-1 林道はなぜ必要か

林道とは 前節では，木を伐ることの意義，木を育てることについて述べた．しかし，急峻な地形で木材という重量物を相手にこれらの作業を行なうには，機械が必要であり，人や機械が森林に到達するためには道が必要である．道がないことには，普遍的な手段で木材を安価に，軽い労働強度で搬出することは不可能である．

林道は，自動車の普及が一般的となった現在，自動車道である（図3-21）．歩行を前提とする登山道や歩道とは異なることをことわっておく必要がある．

林道（forest road）の基準は国によってちがうが，日本では道路構造令3種4ないし5級という区分に準拠して，その構造基準が「林道規程」（林野庁長官通達）に定められている（表3-1）（小林ほか 2002）．国有林林道はこれに基づいて設計され，民有林林道でも国庫や都道府県の補助や融資を受ける場合にはこの規程に従う必要がある．

自分の所有する森林を自分だけで利用する場合は，ゲートを設けて私道とし

表 3-1　林道規程（林野庁『民有林林道施策のあらまし』より）

項　　目	普　通　自　動　車		小型自動車
	1　　級	2　級	3　級
	2車線のもの ｜ 1車線のもの		

項　　目	普通自動車 1級 2車線のもの	普通自動車 1級 1車線のもの	普通自動車 2級	小型自動車 3級
設 計 速 度 (km/時)	40 又は 30(20)	40, 30 又は 20	30 又は 20	20
車 道 幅 員 (m)	車線幅員 2.75	4.0	3.0	2.0 又は 1.8
路 肩 幅 員 (m)	0.75(0.50)	0.50(0.25)	0.50(0.25)	0.50 又は 0.30 (0.25)
曲線半径 (m) 設計速度 (km/時) 40	60(50)	60(40)	—	—
曲線半径 (m) 30	30(25)	30(20)	30(20)	—
曲線半径 (m) 20	20	15	15(12)	15(6)
縦断勾配 (%) 設計速度 (km/時) 40	7(10)	7(10)	—	—
縦断勾配 (%) 30	9(12)	9(12)	9(12)	—
縦断勾配 (%) 20	9(12)	〈12〉 9(14)	〈12〉[16] 9(14)	[18] 9(14)

1) 設計速度欄の（　）は，地形の状況その他の理由によりやむを得ない場合.
2) 路肩幅員欄の（　）は，長さ50m以上の橋，高架の自動車道又は地形の状況その他の理由によりやむを得ない場合.
3) 曲線半径欄の（　）は，地形の状況その他の理由によりやむを得ない場合.
4) 縦断勾配欄の〈　〉は，もっぱら森林施業の実施を目的とするものについて舗装等を行なう場合，舗装等を行なわない場合は9％とする.（　）は，地形の状況その他の理由によりやむを得ない場合. [　]は，延長100m以内に限る.

て所有者のポリシーにしたがって道路を開設することも可能であるが, 不特定多数の利用に供したり, 緊急車両等の通行が可能であるためには, 勾配, 曲線半径, 幅員等, 一定の構造基準を満たしていなければならない.

　作業道　これに対して簡易な作業道 (strip road) がある (図3-22). 作業のためだけに使用され, 一般車両の通行は考慮していない. フォワーダ (図3-15)

などの林業用車両が前提となる．なお，将来林道への昇格も含めて，自動車の走行を前提として開設している場合もある．作業道は県や国の補助もあるが，木材搬出という目的で受益者が特定されるため，自力開設が多い．そのため設計も地域や林業経営の実情に応じて行なわれている（酒井 2004）．開設単価を下げるために，幅員を狭くしたり，擁壁などの構造物を作設せずに簡易に施工される．

　このほかに，機械道や作業路とよばれるものがある．これはトラクタなど特殊な作業車両の走行のために作設されるまったく一時的な作業のための道である．作業が終われば，植林などして林地に復される．トラックが走行可能な林道を幹線として，環境に配慮しながら簡易構造の作業道網を整備し，機動的な森林作業を行なうことにより，林業の生産性を高め，森林にも活力を与えることが可能となる．

3-2-2　林道はどのように作られるか

　林道は傾斜地に作設される．そのため，一般的には地山から切り土して，その土を盛り土する工法がとられる（図3-21）．切り土側には側溝を設け，法面（施工した斜面）や路面からの雨水を排水する．林道や作業道の計画，設計にあたっては，壊れにくい道を作るとともに，維持管理が重要になってくる．とくに水処理が重要な課題である．道がなくても降雨によって山腹の侵食や崩落が生じることがあるが，道路を開設することにより，いかにして雨水を集め，そして分散させるか，知恵と技術の結集でもある．上手に道路を配置することにより，路面を使って分散排水したり，側溝や横断溝を通じて集中した水を沢に排水したり分散することができる（図3-23）．側溝や路面などの排水機能を活用して分散排水し，林地からの流出土砂も側溝や集水枡などで捕捉することにより，水土保全機能を発揮することができる．

　1975年ごろまでは，林道工事はトラクタショベルを中心に行なわれていた．トラクタショベルは掘削した土を前方に押しだすことは得意であるが，車体後方に送ることが苦手であり，いきおい斜面下に土を落すことが多かった（図3-24）．そのため森林を荒らすことになったことは否めない．また，地すべり地帯に幅員の広い高規格の林道を路線選定したために，大雨のたびに崩落を起こ

図3-23　排水施設（横断溝）

横断溝から排水された雨水は，路体を侵食しないように水たたきなどを設けて拡散させたり，沢などに導出して，再び林地に分散，排水される．

図3-24　ずさんな林道工事による斜面の損傷（1984年）ちなみにいまは崩土上に植林したりして緑化されている．

図3-25　きれいに施工された天竜スーパー林道　スーパー林道とは森林開発公団（現，緑資源機構）が主体となった林道の事業名．

図3-26　小形トラクタによる天然林択伐跡（東京大学北海道演習林19林班，1998年）前年に回帰年10年として材積にして16%の択伐率で小形トラクタによる択伐作業を行なった．矢印は土壌硬度の回復を調べているところ．

し，林道に環境破壊の汚名を残したりしたこともある．しかし，バケットを下向きに取り付け，手前に引きながら掘削するバックホウを主体とする工事が普及するようになり，切り土法面の整形が容易となり，捨て土も旋回して後ろのダンプトラックに直接積載できるようになった．現在は，周囲の環境を配慮した施工が行なわれている（図3-25）．

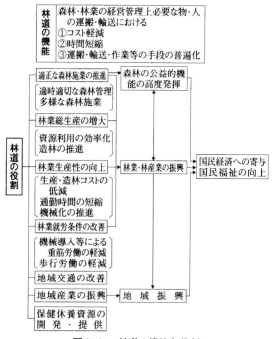

図 3-27　林道の機能と役割
（林野庁『民有林林道事業のあらまし』（1985 年度版）より）

3-2-3　林道の機能と役割は

　林道の機能と役割について整理してみよう．図 3-27 は林野庁が提示している林道の機能と役割である．林業・林産業の振興はすなわち森林の公益的機能の高度発揮にほかならず，地域振興は森林管理者でもある山村住民の定着，林業の担い手確保にも通じる．

　最近は，住民と森林のふれあいの機会を与えるものとして林道にも新たな期待が寄せられている．森林公園や森林レクリエーションと組みあわせたり，景観工法やガードレールなどの安全施設にも配慮がされるようになっている．

3-2-4　林道は林業経営にどのように貢献するのか

　ここで，林道を開設することによる木材生産コストの低減効果について，古典的なモデルを用いて示そう．図 3-28 は，ニューヨーク市立大学の Donald

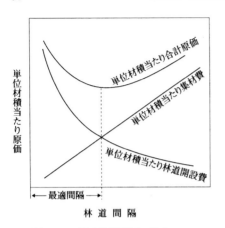

単位材積当たり原価

単位材積当たり合計原価

単位材積当たり集材費

単位材積当たり林道開設費

←最適間隔→

林 道 間 隔

図3-28　最適林道間隔の決定
（上飯坂　實『森林利用学序説』より）

Matthews が1943年にその考え方を提示したものである．林道を開設するほど森林内の作業距離が短くなるので木材集材コストは下がる．しかし，一方で林道の費用が増大するので，その合計費用は最小値，すなわち道路開設量の最適値をもつというものである．林道の開設量はふつう林道密度（m/ha, km/km^2）を用いて評価している．

　日本では架空線集材しかできないような急峻地の林道密度は15 m/ha前後，一般的な山岳地では25 m/ha前後必要であることが計算されている．道路沿いで直接木材を牽引して集めるウィンチ作業や前節のタワーヤーダのように小規模な架線作業では，作業が短距離の場合に非常に能率が良いことが確かめられている．このような状況で，作業道のように道路の費用が安価な場合，道路費用と木材集材コストの合計を最小にする道路の最適開設量は，たとえば100 m/ha となる．

　機能的で維持管理費も最小な道路網とするためには，幹線となる一部の路線を規格の高次な林道とし，使用頻度の少ない大半の支線は低規格な作業道クラスにするのが合理的な配置計画となる．

3-2-5　道路開設が森林内の環境に及ぼす影響

　道路による森林の損失面積はわずか　たとえば道路敷が4 mの作業道を環境に配慮しながら100 m/ha 開設しても，森林面積に占める割合は4％である．この数字の評価は木材や森林の価値とも絡んで難しいが，北米で行なわれているヘリコプタ作業の土場面積の割合より小さい．

　カナダでは集材作業による森林の損失面積（道路および土場の占有面積）を許容土壌攪乱度とし，土地の敏感度によってこれを定めているが，土地敏感度がきわめて高い林地の許容土壌攪乱度は4％としている．敏感な土地とは，含

水率の高い凹面の傾斜の窪地，地滑り地・崩壊地，岩盤あるいは傾斜 60～65%
以上の締まった岩屑のうえの薄い有機質層，水溜まりや水が滲出しているとこ
ろ，崩壊土の堆積斜面などである．

　木材を集材する作業方法として，機械が林内に入らずに道路上の車両からウ
ィンチや架線を用いて木材を吊してくる場合と，トラクタなどの林業用車両が
林内を走行して作業する場合がある．後者の場合，この土壌攪乱度は 25% に
も達する．前者の場合，路網によって道路の敷地が森林面積から差し引かれる
ものの，上記のように 100 m/ha の路網を作設しても土壌攪乱度は数 % であり，
かわりに林内の土壌は保全され，林木の成長に好ましいとともに，道路沿いの
光合成が促進されるという大きなメリットがある（酒井 2004）．

　機械の走行が林地に及ぼす影響　クローラ式トラクタは履帯の接地面積が大き
いため，接地圧が約 0.3 kgf/cm^2 と小さい．したがって，地面への沈下が少な
く，湿地や軟弱地，不整地に強い．土壌表層を覆っている腐植質に富んだ A_0
層の土壌支持力は，日本の褐色森林土，黒色森林土ともに 0.9 kgf/cm^2 と，き
わめて小さい．したがって，タイヤ空気圧が一般的に 1.0～1.5 kgf/cm^2 ある
ホイールトラクタの接地圧には耐えきれないことになる．

　岩手大学・猪内正雄らの，火山灰性土壌におけるホイールおよびクローラ式
トラクタの調査結果によれば，最初の数回の走行で土壌締固めが発生している
（酒井 2004）．ホイールおよびクローラ式とも土壌の深さが 45 cm 以上になると
走行回数の違いは少なくなるが，走行を重ねることによって深さ 10～15 cm で
締固めが最も上昇し，最大となっている．樹木にとって養分や水分の吸収に関
係する根系は地表から 10 cm 内外に多いことから，トラクタ走行による土壌の
締固めが樹木の成長に影響があるものと推定されている．

　地被物の栄養が高ければ，土壌の孔隙量が大きいほど樹木の成長はよい．ホ
イールトラクタは地表面の攪乱が大きいので，表土が除去され，孔隙量の減少
も大きい傾向がある．クローラ式トラクタでは地表の腐植，枝条がそのまま締
固められるので，走行によって土壌の緻密さを表わす土壌硬度が大きくなって
も孔隙量の減少が少ない．土壌が一度締固められると数～数十年続くことにな
り，とくに有機物含量の回復はゼロに近い（酒井 2004）．

　このほかに林内での作業による影響として，周辺立木の損傷や機械油による植生や土壌の汚染もあげられる．実際の作業では林地に枝条を敷くなどして，林地への影響を少なくしているが，作業道主体で作業を行なうのがよいのか，直接林内を走行しながら作業を行なうのがよいのかについては，当該現場において両者の得失を十分比較しながら全体計画を立てる必要がある．

　前節でも述べたように，東京大学北海道演習林では天然林択伐施業を行ない，森林資源と環境を損なうことなく高い土地生産性を持続的にあげている．その基盤となるのが 40 m/ha の高密な林道網である．現在トラクタ集材を実施しているが，林内に入れるトラクタの大きさを制限している．外見からはこのような機械化作業が林内で行なわれていることは想像できないであろう（図3-26）．

　林道や作業道の路網によって林内到達が容易になり，枝打ちや間伐などの撫育作業を十分行なえるようになる．これは森林機械と路網がもつ水土保全および環境保全効果にほかならない．作業道を開設することにより，林縁木の光合成も盛んになり，道路沿の繁茂した下層植生によって林内からの土砂流出も防ぐ機能が期待される．

　気象の厳しい熱帯林や，樹木の成長が遅い北方林では，経済性追求の結果としての略奪的開発が問題となっているが，持続的木材生産にとって土地生産力が大きい温帯林の果たす役割は大きい（渡邊 1997）．日本林業が国際競争力をもつだけで，熱帯林の生態系も保全され，地球環境は改善される．熱帯林の生態系を保全しようとするならば，国内林業の積極的な活性化が必要であり，最も直接的な方法である．極論すれば作業道の1本が熱帯の絶滅危惧種や北方林の環境に貢献することになる．

　　　　　　　　　　　　　　　　　　　　　　　　　　　　　（酒井秀夫）

井上　真・桜井尚武・鈴木和夫・富田文一郎・中静　透（編）（2003）『森林の百科』朝倉書店．

内村鑑三（1946）『後世への最大遺物：デンマルク国の話』岩波書店（岩波文庫）．

上飯坂　實（1975）『新訂増補　森林利用学序説』地球社．

上飯坂　實（編）（1990）『林業工学』地球社．

河田　弘（1989）『森林土壌学概論』博友社．

こぶとち出版会（1997）『豊かな森へ』昭和堂（京都）．

小林洋司・田坂聡明・山崎忠久・山本仁志・酒井秀夫・小野耕平・峰松浩彦（2002）

『森林土木学』朝倉書店.

小宮山　宏（1995）『地球温暖化問題に答える』東京大学出版会.

酒井秀夫（2004）『作業道：理論と環境保全機能』全国林業改良普及協会.

重栖　隆（1997）『木の国熊野からの発信：「森林交付税構想」の波紋』中央公論社（中公新書）.

高橋延清（2001）『林分施業法改訂版』ログ・ビー（札幌）.

日本林業技術協会（編）（2001）『森林・林業百科事典』丸善.

農林水産省林業試験場（監修）（1982）『木材工業ハンドブック　改訂3版』丸善.

ボーン，D・ベチェック，R・田口孝吉（訳）（1984）『森へ：ダリウス・キンゼイ写真集』アボック出版局（鎌倉）.

林業機械化協会（1976）『図説集材機索張法』林業機械化協会.

渡邊定元（1997）『森とつきあう』岩波書店.

4 消費者と森林をつなぐ
―― 森林認証制度

4-1　グリーンコンシューマリズムと森林認証制度

4-1-1　森林認証制度はどのように生まれたか

最近，日常生活やマスコミの報道等を通じて，「認証」という言葉をよく聞くようになってきた．例えば企業や市役所が ISO 14000 シリーズの認証を取得したとか，有機野菜の認証などはかなり身近なものになりつつある．一般に認証とは，あらかじめ定められたある基準に照らして，その内容が満たされているかどうかを独立した第三者機関が審査し，満たされている場合にそのことを認定するプロセスである．

これと類似のしくみが，森林管理や木材製品にも存在する．森林認証制度といい，環境や社会にも配慮した持続的な森林管理を行なっている経営体を認証し，そこから生産される木材製品にそのことを示すロゴマークをつけて消費者の選択的購入を促すことで，望ましい森林管理を市場から誘導しようとする試みである．

現在，世界で最も広がりをみせているのは，森林管理協議会（Forest Steward-ship Council，略して FSC）という国際非政府組織が運営する森林認証制度である．このような民間主導のしくみが開発された背景には，熱帯林の破壊とそれに対抗するヨーロッパの環境保護団体の一連の動きがあった．

1970 年代に顕在化しはじめた熱帯林破壊は，80 年代に入ってさらに速度を速めた．熱帯林減少は，途上国の人口増加や貧困問題が根底にあることは確かであるが，直接の原因のひとつが木材の商業的伐採にあったこともまた疑いのない事実であった．ヨーロッパは，当時も現在も日本と並んで熱帯木材の一大市場である．このような状況を懸念した環境保護団体は熱帯木材の不買運動を展開し，やがてそれは広く市民運動へと拡大していった．

不買運動は熱帯木材の消費を控えることでその生産地に反省と改善を求める

ことを意図したものであったが，実際には木材を取り扱う業者でさえも典型的
な樹種を除いては，熱帯木材を見分けることは容易でなかった．結果としてこ
の運動は木材の消費を抑制し，木材産業全体を窮地に追いこむことになった．
こうした事態を打開するため，持続的な森林管理を行なっている経営体を適切
な基準で認証し，木材製品にロゴマークを貼って区別する森林認証制度が考案
され，主に業界主導で展開していったのである．

　この着想はすぐれたものであった．しかし，間もなく市場には，「エコ」で
あることを表すさまざまな種類のロゴマークが氾濫した．そしてなかには，本
当に持続的な森林管理から生産されたものであるか怪しいものまで混じるよう
になった．林産物は加工により元の木材の外観や特徴を留めぬほどに変化する
ため，林産物の認証では何らかの手段で加工流通経路を生産地までさかのぼれ
ることが必須条件とされる．ロゴマークをつけた林産物のなかにも，こうした
要件を満たさないものが含まれていたことから，消費者は不信感を抱き，その
不信感は森林・林産物の認証制度そのものにも向けられていった．

　この運動の結果から，ヨーロッパの環境団体は貴重な教訓を得た．それは，
消費者に受け入れられない認証制度は成り立たないということである．この反
省から，厳格で中立で信頼性が高く，世界規模で通用する森林認証制度の必要
性が再認識された．そしてヨーロッパに拠点を置くWWFやグリーンピースな
どの有力な環境保護団体が中心となって準備を進め，1993年，前述した森林
管理協議会（FSC）が設立されたのである．

　2004年6月現在，FSCのプログラムにより認証された森林は，世界62カ国，
3700万ha余りに達した．これは日本の国土面積に匹敵し，世界の全森林面積
38億haの約1%に相当する．日本でもすでに18カ所の森林がFSCによって
認証されている．FSC以外にも世界各地の国や地域でいくつもの認証プログ
ラムが開発され，それぞれ多くの森林が認証されている．認証された森林面積
が広がっていることからみても，森林認証制度は次第に普及，定着しつつある
といってよいであろう．

4-1-2　消費者は森林認証制度をどのように受けとめているか

認証木材の価値　望ましい森林経営から生産されロゴマークの貼られた認証

木材は，認証されていない一般木材に比べてある種の付加価値をもっていると
考えられる．その付加価値は，高級な服やカバン，靴などで確立されたいわゆ
るブランド品の価値とも類似している．すなわち通常使用する目的に対しては
機能に違いはないが，ブランド品のもつ，一目でそれと判る個性的なデザイン
や使う人のこだわり，いわれなどが付加価値の源になっていると考えられる．
一般にブランド品の価値は，機能や耐久性など使用することに関わって生じる
「基本価値」，すぐれたデザインや質感などの「周辺価値」，そしてそれが著名
な高級ブランドであるという「情報価値」として説明される．認証木材も，そ
れが「環境に優しい」森林管理から生産されたという情報価値が付加されてい
ると考えられる．

　消費者は，認証木材を選択的に購入することで，「環境に優しい」森林管理
を支援するという貢献やある種のこだわりから満足を得る．この満足の対価と
して，認証木材に対して価格プレミアムを上乗せして一般木材よりも高く支払
ってもよいと考える人もいる．当然のことであるが，消費者がロゴマークの意
味を理解しなければ認証木材の情報価値は生じない．

　森林認証の便益　森林認証制度が広く普及するかどうかは，森林認証の普及に
よってもたらされる便益と，その普及に要する費用を正しく捉える必要がある．
イギリスの研究者ステファン・バスの報告によれば，一般に森林認証が生み出
す便益には次のような種類のものが考えられるとしている (Bass 1997).
　①森林管理の水準を改善し，森林の多面的機能を高める
　②森林管理者のアカウンタビリティ（説明責任）を果たす
　③法律や規制の一部をカバーする結果，政府の役割をより高いものにする
　④第三者機関に委ねることで，政府が森林を監視する負担が軽減する
　⑤市場への参入機会やシェアを維持あるいは獲得する
　⑥生産者の森林・資源・資本へのアクセスを維持あるいは獲得する
　⑦認証木材に対する価格プレミアムを得る
　⑧生産者の環境面，社会面のリスクを減少させる
　⑨従業員や出資者のモラルや自覚，あるいは技能を高める
　このうち①から④は，主に政府と公共にとっての便益である．従来は政府が

規制し監督しなければならなかった公共的責任の一部分について森林認証がカバーするので，政府の役割は軽減され，より高度な役割を果たせるようになるということである．⑤以降はいずれも生産者にとっての経営上の便益である．このうち⑤から⑦は生産者が森林認証を取得することが，そうでない生産者に対する優位性や差別化に結びつくという点で，相対的・対外的な便益といえる．そして⑧と⑨は，生産者の経営体内部に生ずるいわば体質強化の便益である．

　⑤と⑥に関して，海外では地方自治体レベルにおいて，日本のグリーン調達に相当するものとして，ある分野の公共工事に用いる木材は認証材に限るなどのガイドラインを設け，認証木材を優遇している例もある（アメリカのシアトル市など）．また中米のある国の森林のコンセッション（森林資源の利用・開発権）に入札しようとしていた木材企業が，別な森林でFSC認証を取得した実績があることを理由に大きな融資を受けられ，そのコンセッションを獲得した例もある．⑦の価格プレミアムに関しては，需要と供給のあいだの相対的関係で決まるものであるが，上述したとおり，消費者にとって認証木材にはある種の付加価値がある．その価値がうまく引き出せれば，認証木材に価格プレミアムがつく可能性はある．

　このように森林認証は，現在のように認証製品の市場が立ち上がりつつある状況で認証製品の供給者が相対的に少ないとき，ある種の特典や優位性をもたらす．しかしこうした相対的な便益は，後発グループが追いついて多くの企業・経営体が認証を取得するようになると次第に薄れていく性質のものである．さらに，一部の先駆的経営体が取得していた段階では肯定的に評価されていたものが，多くの経営体が取得するとそれが新たな「標準」となり，認証を取得していない経営体に対する負の差別に変化していくことも考えられる．いずれにしても森林認証は，環境に鋭敏な市場を相手に，業界にとどまって有利に経営を進めていく一種の資格といえるだろう．

　システム，製造工程そして品質の認証　森林認証に限らず一般に「認証」と呼ばれるしくみには，企業内部のものから消費者に近いものまで，3段階あると考えられる（図4-1参照）．第一は，ある目的を達成するために必要な管理システムが，企業や組織の内部に整備されているかどうかについての認証である．

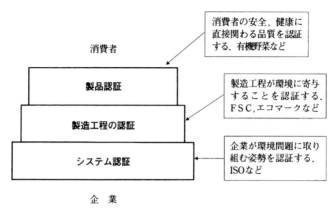

図4-1 認証システムの階層構造

これをシステム認証と呼んでいる．環境への負荷を継続的に削減していくことを目的とした ISO 14000 シリーズ（環境管理システム）は，このシステム認証である．第二は，製品等の製造工程がある基準を満たしているかどうかの認証である．これを製造工程の認証と呼ぶ．環境や社会に配慮した森林管理が行なわれていることを認証する森林認証制度は，この製造工程の認証に該当する．日本でエコマーク協会が認定しているエコマークは，その製品が環境に配慮した方法で製造されているか，またはそれを使用することが環境への配慮に繋がる製品に対してつけられている．よく目にするのは再生紙でできた製品であるが，これも典型的な製造工程の認証である．第三は，製品認証と呼ばれ，製品の品質を保証する認証である．農薬や化学肥料を用いず自然農法で栽培された有機野菜は，健康や安全に関わる野菜の品質を保証した製品認証の一つである．

　図4-1 において上位に位置する認証システムは，下位の特徴も併せ持っていると考えられる．品質を保証するためには要求に見合った製造工程の確立が必須であり，製造工程は下位の管理システムによって支えられているからである．また別な見かたをすれば，下位に位置するシステム認証や製造工程の認証は，製品の品質とは無関係である．

　3段階の認証のうち最も下位に位置するシステム認証については，これを取得してもロゴマークは使用できないと一般的に考えられている．それはシステ

ム認証は継続的に改善していくしくみの整備ではあるが，ある一定の水準を満たしていることを保証するものではないからである．例えばある企業が排出物の削減を目指して管理システムを構築したとする．現状の達成度が50％ほどにとどまり社会が容認する水準に達していないとしても，システムが適切に構築され，今後改善の見通しがあればシステム整備に関する認証は取得できるであろう．こうした性質を持つシステム認証の審査基準は，システム基準という．これに対し，ある一定の水準に到達したかどうかの基準をパフォーマンス基準という．パフォーマンス基準によって認証された製品にはロゴマークの使用が認められている．森林認証制度のなかにも，継続的な改善を目指して最低限度のシステム整備を求めたものも存在する．FSC の森林認証制度はパフォーマンス基準を採用している．

森林認証制度を普及させた原動力　日本ではスーパーマーケット等に有機野菜が並べられ，価格が多少高いにもかかわらず売れている．また非常に多くの企業が会社の名入り封筒に再生紙を使用したり，エコマーク付きのものを採用している．このほか店頭には「環境に優しい」ことを謳った商品が溢れている．こうしたことから判断して，日本人は本当に環境意識が高いといえるのであろうか．そして，現時点では森林認証制度が十分認知されていないので認証材の需要も供給も限定的であるが，もし普及啓蒙により認知が進んだ場合，「環境に優しい」森林施業によって生産された認証材は市場でシェアを拡大していくのだろうか．これらの問いは，日本で森林認証制度が普及し，そのことによって森林保全が進んでいくために，きわめて重要である．この答えを探す手がかりとして，すでに相当量の認証木材製品が流通しているイギリスやドイツの今日までの経過を見てみよう．

イギリスは，国土面積約24万km^{2}に対し森林面積280万ha（森林率12%弱）と，日本のそれぞれ37万km^{2}に対する2500万ha（森林率約67%）に比べてはるかに森林の乏しい国である．しかもその多くは農地，丘陵地，河川や湖の周辺にあって保護されている森林であり，積極的な木材生産が行われている森林は国土の2%ほどしかないと推定される．このイギリスにおいて，世界で最も厳格とされるFSCのプログラムで認証された森林が2004年6月現在で

53 カ所，115 万 3000 ha 余りにも達している．また市内の DIY 店の木材コーナーでは，認証されていない木材が見当たらないほどに，所狭しと認証木材が商品棚に積まれている．環境意識が高いとされるこの国においても，最初から認証木材に対する消費者の需要があったわけではなく，また生産者からの供給が十分にあったわけでもなかった．

この動きを先導したのは，B&Q 社という DIY 分野でチェーン展開する小売業者であった．B&Q 社は認証木材の存在を知って以来，積極的に認証木材製品の仕入れに力を入れてきた．1997 年末には，同社の取り扱う木材製品のうち 9% が認証された木材で生産されたものであったが，1998 年末にはこの割合は 25% に増加していた．認証製品の割合は徐々にではあるが確実に上昇していた．しかしそのペースの遅さに痺れを切らした同社環境政策責任者のアレン・ナイト氏は，すべての林産物納入業者に対して「認証製品以外は一切仕入れない」という爆弾発言をし，納入業者やその上流側にいる林産物企業に認証の取得を促した．実際，同社は認証の取得に真剣に取りくもうとしなかったインドネシアとベトナムの家具業者との取り引きをうち切り，ボリビアの小さな認証製品取り扱い業者である IMR/CIMAL 社との商談を始めた．IMR/CIMAL 社は最初の年わずかな製品供給にとどまったが，供給体制の整った 1999 年には B&Q 社の取扱量の 10% に相当する量を供給するまでになった．この間，消費者に対しても商品の宣伝やマスコミを通じて森林認証制度の普及啓蒙に尽力した．認証製品に積極的な価値を見いだした一小売店が，生産者と消費者の双方に強く働きかけ，認証製品の新たな市場を生みだしたのである．

比較的早い時期に認証製品市場が立ち上がった木材製品に比べ，遅れていた紙製品の認証化を進めたのはドイツの出版業界であった．出版業者は森林や紙の生産施設を保有しておらず，しかも世論に対して敏感であることから，環境団体からの圧力を受けやすく，製紙業者に対しても影響力を行使しやすい立場にいる．また木材製品に比べれば，紙は流通経路も短く，少数の業者が市場を掌握している部門である．紙の大口需要者である出版業界は，自らの置かれた立場を利用して紙製品の認証を原材料の供給者に働きかけ，認証紙製品の割合を高めることに貢献した．

上で示したヨーロッパの例に見るとおり，生産者や消費者は認証製品市場の

拡大に必ずしも重要な役割を果たしておらず，主導したのはその間に位置する中間業者である．加工・流通・販売などに携わる中間業者は，生産者と消費者の間に立ち，両者に影響力を行使できる位置にいる．その中間業者が認証製品に積極的な価値を認めたことが契機となった．

　企業が認証を取得したり認証製品を扱うことは，企業にとって重要な環境戦略の一つである．上の例で見たイギリスの小売業者とドイツの出版業界はいずれも認証製品を扱うことが企業によい影響を与えるとの判断から，認証製品に切り替える行動を起こした．一般に企業が環境対策をとるとき，上の例のようにある対策がよい影響をもたらすことを期待して採用することもあるが，そうした対策をとることが企業に対する負の影響を最小限に止めるとか，あるいは，そうしなければ社会的に非難されるという逆の危機感から行動を起こすこともあるだろう．これらは思考が逆向きであるようにも感じるが，違いはさほど大きくはなく，単に社会の「標準」よりも優位な位置にあるかそうでないかの問題に過ぎない．結局のところ，イギリスやドイツにおける認証製品の普及は，環境対策が重要と認識した中間業者の戦略的行動によって導かれたと結論づけることができよう．

　日本の認証製品市場の現状　前節のはじめで触れた日本人の環境意識についてもう一度考えてみよう．日本で有機野菜が売れ，エコマークつきの企業封筒が広く使われているが，その背景にある環境意識は上で紹介したイギリスやドイツの消費者の環境意識とはやや違いがあるように思われる．イギリスでは積極的に認証製品を取り扱う小売業者の出現により，消費者は認証木材製品，すなわち製造工程が認証された製品を消費するようになった．一方，日本では，同様に製造工程が環境に優しいと認定されたエコマーク商品，例えば再生紙で作られた封筒やノート，コピー用紙等が十分市場に供給されているにもかかわらず，消費者がこうした商品を積極的に購入しているとは認められない．微かに色の付いた再生コピー用紙は，バージンパルプ紙と比べて価格は同等か，ときには高いこともある．そして消費者は，再生紙の品質がバージンパルプ紙よりも劣っているとさえ考えている．それでも企業がエコマーク付き再生紙封筒を好んで使うのは，企業戦略としての環境対策である．この場合，企業は再生紙

封筒を使うことで森林資源の保全に寄与することを直接意図しているのではなく, そうすることで環境に対する企業の姿勢を示しているのである. また, 消費者が有機野菜を購入するのは, それが健康や安全に関わる品質と結びついた属性を持っているからであり, 日本の消費者はその品質 (前に述べた言葉で表すなら基本価値) に対してプレミアムを払ってもよいと考えているのである.

認証製品に対する考えかたの違いは, 中間業者にも見られる. 2000 年秋, 森林認証制度を研究テーマとするある大学院生が外材を取り扱う輸入業者を対象に, 認証木材を扱う資格の認証 (CoC 認証, 後述) を取得する意志があるかどうかを調査した. この聞き取り調査の結果は非常に興味深いものであった. 輸入業者の多くは認証木材のことや, それを取り扱うための資格について正しく理解していたが, 彼らの回答の多くは, 「商品に対する市場の需要があれば取得するが, いまのところまだその時期でない」というものや, 「限定的ではあるが将来的に市場の需要が見込めるので取得してもよい」というものであった. 資格を取得するか取得しないかにかかわらず, 認証木材の環境的側面に言及した回答は皆無であった. 認証木材製品に対する中間業者の姿勢を比較すると, イギリスの B&Q 社のそれが商品の「差別化」を意識したものであるのに対し, 日本の輸入業者のそれは, 商品の「多様化」の一手段に留まっているのである. すなわち日本の中間業者は, 消費者の需要の有無によって商品の取り扱いを決めるだけで, 認証木材の環境的価値をほとんど評価していないことがわかった.

このように考えると, 認証製品に対する態度から見た日本人の環境意識は, 消費者, 取扱業者とも, いまだイギリス人ほど成熟していないように思われる.

森林認証制度を発展させる推進力　ヨーロッパの環境意識の高い一部の国においてはすでに森林認証制度が認知され, 認証木材・紙製品が生活に浸透しはじめている.

日本においても主に林業サイドからの働きかけで, 認証製品を普及させる活動が始まろうとしている. 森林認証制度を通して, 林業経営者は価格プレミアムの獲得や販路の拡大を, 中間の流通加工業者は商品の差別化と付加価値化をもくろみ, 消費者は認証製品を使用することで森林保全に寄与できると考える.

自治体の林務行政は，認証の取得が地域振興に結びつくことを期待し，国の行政機関は認証制度を外材のソフトな輸入制限に利用できないか模索しているかもしれない．そして環境団体やマスコミは，認証制度の普及が国内外の森林保全に貢献すると期待している．このように，森林認証制度に寄せる期待はさまざまでも，それが「社会的正義」を建前として作られているため，基本的にどのような立場にいる人も「賛成」できるしくみになっているといえる．

　しかし，これまで上に述べてきたように，日本の消費者や流通加工業者は現時点で必ずしも認証木材製品に積極的価値を認めていないようである．供給がないから需要も増えず，需要が未知数なことが供給側の行動を鈍らせるという両すくみの構造に陥っているように見える．こうした事態を打開するため，筆者は日本においては特に国や地方の政府，マスコミ，環境団体等の役割の重要性を指摘しておきたい．

　森林認証制度の普及に関わる利害や関心には，大別して4つの異なる立場があるといわれている（図4-2）．第一は認証木材を生産する林業経営者（生産者），第二は消費者，第三はそれらの中間に位置する流通加工業者（中間業者）である．そして第四は，それら三者に圧力を加えられる立場にある政府，マスコミ，環境団体等である．イギリスの例では，第三の立場にある環境に鋭敏な中間業者が生産者と消費者に働きかけて，認証製品の潜在的な需要と供給を掘り起こす働きをした．ドイツの例では，直接行動を起こしたのは紙需要者として第三の立場にいた出版業界であったが，第四の立場からの影響力を受けた結果であるとも考えられる．日本において，現状でこの第三の勢力に同様の働きを期待できないとしたら，その働きを担うのは第四の立場にいる政府，マスコミ，環境団体等しかないであろう．それらが森林認証制度を支援し，情報を発信することが，結局は制度の認知度を高め普及させることにつながると考えられる．また県や市町村などの地方政府は，普及までの間，公共用途に認証木材製品を優先的に使用して安定需要を生みだし，生産および中間業者を直接支援することも有効であろう．

　先に日本の消費者は森林認証と同じ製造工程の認証に相当するエコマーク商品に関心が低いと書いたが，一方で，環境によいとアピールできるなら企業が再生紙封筒を好んで使うこともわかっている．そうした企業にも認証製品の需

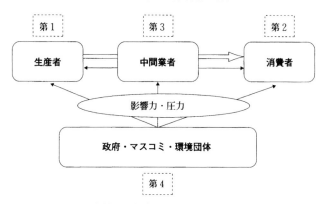

図 4-2 森林認証制度に関わる4つの異なる立場

要が見込めるので，企業が環境をアピールしやすい商品，例えばパンフレット用の紙などに認証製品を供給することは，社会全体に森林認証制度を普及させるために有効であろう．

　森林認証制度は，それを支援する人びとや組織の思惑はさまざまでも，ひとたび動き出せば森林の整備や保全を通じて確実に公共に便益をもたらし，自ら発展していく推進力を内包したしくみであるといえよう．

4-2 森林保全と森林認証制度

　森林認証制度の普及が森林保全にどのように貢献するのかを理解するため，ここでは2つの特徴的な森林認証制度を例に取りあげ，その概要を説明しよう．一つは環境，社会面で最も厳格といわれている FSC であり，もう一つは北米地域で発展してきた持続的林業イニシアチブ（Sustainable Forestry Initiative，略して SFI）である．

4-2-1 FSC の森林認証制度とはどのようなものだろうか

　目 的　FSC はドイツのボンに本部を置く国際的な非政府・非営利の森林認証組織である．設立の目的は，「環境に配慮し，社会に受け入れられ，経済的にもやっていける森林経営を世界共通の基準で認証し，市場ベースで望ましい

森林経営を支援することにより，世界の森林保全に貢献する」こととしている.

　森林は，一般に山間の水源地域に広大な面積を占め，野生動植物の生息場所でもある．森林管理者は，森林を適切に管理して森林が水や土を保全したり多様な生物を保護したりする機能を維持しなければならない（環境的側面）．また森林で労働する人びとの権利や福利，森林をさまざまな目的で利用する人の便益，森林に依存して暮らしてきた先住民らの生活も守られなければならない（社会的側面）．そして環境と社会に配慮した上で，森林資源の価値を最大限に活用し，経済的にも成りたつ森林管理すなわち林業経営を永続させることが求められる（経済的側面）．この環境，社会，経済の3要素はFSCのみならず，世界の各地で展開されている地域レベルの森林認証制度においても最も重要な要素となっている.

　上で書かれた「市場ベース」とはどのような意味であろうか．それは，認証木材製品の流通や消費を市場の「自由な選択」，言い換えれば「適正な競争」にゆだねるということである．この背景には，認証製品のもつ付加価値は商品の差別化や企業の優位性につながるとの期待がある.

　組織と活動　FSCは森林認証にさまざまな関わり（利害関係）を持って自発的に加入した「メンバー」（個人や企業，団体など）によって構成されている．各メンバーは，関心の対象により環境・社会・経済のいずれかの部門に属し，また出身国により北側（先進国）か南側（途上国）かの属性をもっている．つまり部門と国の組み合わせにより，メンバーは利害や関心を異にする6つのグループ（これをチャンバーと呼んでいる）に分かれている．討議は合意形成を基本に進められるが，最高の議決の場である総会における票決の際には，それぞれのチャンバーごとに合計すると等しくなるような票の重みが与えられるといった配慮もなされている．これはメンバー数を制限しないため，およびそれぞれのチャンバーの公平を期するためである．FSCは，その設立の経緯から，公正で公平で透明な組織運営を最優先に掲げている．実際，FSCの活動内容や文書類はほとんどすべてFSCのウェブサイト（http://www.fsc.org/）で閲覧することができる.

　FSCは森林認証団体であるが，自らが森林認証の審査を行なうわけではな

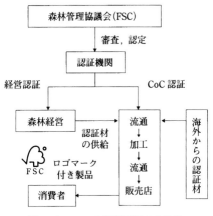

図 4-3 FSC の認証活動の全体像

い．実際の審査は，FSC によって認定された独立した第三者機関が認証機関
となって行なう．FSC 本部の活動としては，この認証機関の認定の他，認証
審査の基準の検討，認証に関わる紛争の解決，森林認証の普及と啓蒙などであ
る．認証機関は 2004 年 6 月現在，世界に 12 あり，他に 3 機関が認定を申請中
である．日本には FSC に認定された認証機関はないが，その子会社あるいは
代理店が存在する．

　森林認証には，大別して 2 つの認証プロセスがある．それらは森林経営の認
証と加工・流通過程の管理（Chain of Custody，略して CoC）の認証である（図 4-
3 参照）．図に示すとおり，CoC の認証プロセスには国産材・外材の区別はない．
CoC 認証は，流通・加工過程で認証木材に非認証木材が混入しないことを保
証するだけなので，森林経営の認証において求められた環境や社会への配慮は
要求されていない．

　認証審査の基準　FSC の森林認証の審査基準は，「森林管理の原則と規準」に
基づいている．これは 10 の原則（表 4-1 参照）とその細目である 56 の規準か
らなり，森林管理の環境，社会，経済的な側面を幅広く捉えた内容となってい
る．この原則と規準は，世界のすべての国や地域，社会・経済，さまざまな森
林タイプに対して適用できる汎用なものとなっている．そこで FSC は，森林

表4-1　FSC における森林管理の原則と規準

原則 1：法律と FSC の原則の遵守
原則 2：保有権，使用権および責務
原則 3：先住民の権利
原則 4：地域社会との関係と労働者の権利
原則 5：森林のもたらす便益
原則 6：環境への影響
原則 7：管理計画
原則 8：モニタリングと評価
原則 9：保護価値の高い森林の保存
原則 10：植林

　認証に対する関心が高まった国に関しては，原則と規準を遵守した上でそれぞれの国の実状がより適切に反映されるような「国内基準」を作成することを推奨している．そしてそうした活動はすでに世界の 20 カ国以上で進められている．この国内基準の作成手続きには，国内の FSC メンバーが中心となり，さらに森林管理に環境，社会，経済の各側面から関係するさまざまな立場の機関，団体，個人が参画することが求められている．認証機関が森林経営の認証審査を行なう際に，すでにこの「国内基準」が作成されている場合にはそれを用い，そうでない場合は汎用なものを用いることになっている．2004 年 6 月現在，日本でもこの活動が始まっている．

　原則と規準は森林認証の理念を具現化する最も重要なものであり，1993 年の FSC 発足以降も継続的に検討が加えられてきた．FSC の発足当初は，9 番目が「天然林の保護」となっており，10 番目はまだ設けられていなかった．当時，熱帯地域を中心に急速に減少していた天然林の保護を目的として，原則と規準のなかで最も明示的には「天然林は人工林に転換してはならない」（1994 年 11 月以降に天然林を人工林に転換した場合は認証を取得できない）と規定された．これ以外にも天然林を保全するため，例えば「天然林が本来持つ固有の性質を失うような取り扱いをしてはならない」などさまざまな制約が課せられた．

　しかし世界的に見て，今なお木材生産の行なわれている森林の多くは天然林である．FSC 本部のウェブサイトにおいて認証を取得した森林のリストを見

ても，森林タイプは天然林が多く，人工林やその他の森林（半天然林，人工林
と天然林の混合タイプ等）はわずかである．また一口に天然林といっても，長
年にわたって人手が加えられてきた森林からまったく人手の入っていない原生
な森林まで，さまざまな段階のものが連続的に存在する．多くの途上国にとっ
ては，農作物や鉱物資源等と並んで木材は重要な輸出産品のひとつである．産
業との兼ねあいで，広大な面積の天然林が広がる一帯をすべて保全することに
困難が伴うことは想像に難くない．世界の木材需要が拡大するなか，保護と開
発，環境と経済，北側と南側といった複雑な側面を含んだこの天然林の保護問
題は，FSC の原則と規準のなかでも最も議論の多い課題である．

　こうした背景のもと，原則と基準は1999年に大きな改訂が行なわれた．そ
の結果，9番目の「天然林の保護」が「保護価値の高い森林」に改められ，10
番目に新たに「植林」が設けられた．保護価値の高い森林とは，文字通りその
地域において保護されるべき貴重な森林のことで，単に自然度が高いとか高齢
なだけでなく，より広範なタイプの希少・貴重な森林を含みうる概念である．
経営体が管理する森林のなかに，地域において特定された保護価値の高い森林
が含まれる場合，その森林は基本的に保全することが求められる．保全とは，
まったく人為を加えないことを意味するわけではないが，その森林の固有の性
質を維持しなければならない．経営体が管理する森林のなかに保護価値の高い
森林が含まれない場合でも，相対的に重要な森林を生態系保護地域に指定して
保全することを認証取得の条件として課せられることもある．認証プログラム
により指定された保護価値の高い森林や生態系保護地域は，法律によって定め
られたさまざまな種類の保護地域に該当していないこともある．これはすなわ
ち森林認証制度が森林保護の法律等よりもさらに踏み込んで保護地域を設定す
ることを意味する．

　原則の10番目に加えられた「植林」には，植林の意義として天然林への開
発圧力を減少する場合にのみ認められること，また植林する樹種は，やむを得
ない場合を除きその地域に天然分布する種でなければならないこと等が記され
ている．このように，FSC の森林認証制度においては，地域に本来生育する
天然林を尊重し，人工的に造成した森林は天然林を補完するものと位置づけら
れていることが理解されよう．そして確かに FSC の森林認証制度は，地域に

残された貴重な天然林を保全し，またその森林の重要性を人びとに喚起させる
という点で，一定の貢献をしているのである．

　ところで，FSCのさまざまな文書に数多く登場するこの「植林」（plantation
の和訳）の語の意味するところを注意深く読むと，それは熱帯地域や南半球で
造成されているアカシアやユーカリやマツ類の人工林を想定したものであるこ
とがわかる．それらの森林は，優れた形質の品種が選抜されてすべて同一の遺
伝子構成をしており，7年から15年というごく短いサイクルで植栽と伐採が
繰り返され，まるで農業のような取り扱いを受けている．これは日本のスギや
ヒノキの人工林が50年を越える長い年月をかけて育成され，この間，人工林
のなかにもさまざまな在来樹種が侵入して豊かで安定した生物多様性を保持し
ているのとは大きな違いである．FSCの汎用の原則と規準をそのまま日本に
適用すると，特に人工林の位置づけに関して誤解や混乱を生じる恐れがある．
こうした問題を避けるためにも，日本の「国内基準」を作成する意義は大きい
と考えられる．まず，基準を作成する過程で，地域ごとにどのような森林を保
全し，どのような場合なら人工林の造成が妥当なのかといったことを十分に意
見交換することは，さまざまな人びとの森林への理解を深めることになろう．
また，国内基準があることによって，森林管理者は認証審査を受ける準備がし
やすくなるであろう．

　認証審査のプロセス　FSCの認証審査のプロセスは概ね図4-4に示したよう
になっている．まず①森林経営者から認証機関へ森林認証の興味が示されると，
森林認証に関する基本的な情報が提供され，認証取得が経営者の目標に沿った
ものであるかどうかの検討がなされる（スコーピング）．さらに経営者が求め
れば，②本審査に先立って認証機関の専門家が現地を視察する予備審査が行な
われる．予備審査は必須ではないが，認証に関する情報が不十分な場合や，経
営環境が複雑な場合はこれを受けることが望ましいとされている．この過程で
さらなる情報提供や審査に要する日数，費用の見積もり，認証取得の可能性な
どが示される．

　③経営者と認証機関の間で認証に関わる範囲，費用，両者の責任などについ
ての契約が交わされると，④認証機関からのスタッフのほか，必要な専門知識

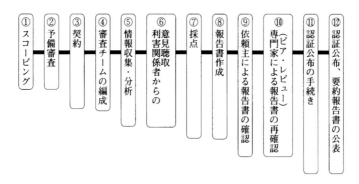

① スコーピング
② 予備審査
③ 契約
④ 審査チームの編成
⑤ 情報収集・分析
⑥ 意見聴取利害関係者からの
⑦ 採点
⑧ 報告書作成
⑨ 依頼主による報告書の確認
⑩ （ピア・レビュー）専門家による報告書の再確認
⑪ 認証公布の手続き
⑫ 認証公布、要約報告書の公表

図4-4 FSCの認証審査のプロセス

や分野に応じて現地の森林・林業事情に明るい専門家が加わって審査チームが編成される．審査チームは審査対象となる森林の規模や複雑さに応じて通常1〜4人ほどで構成される．

　⑤森林がよく管理されているかどうかを判定するため，データを収集・分析する．森林資源の構成状態は，現在のみならず過去の経営の結果であるため，重要なポイントの一つである．経営者への聞き取り，経営記録や各種の文書とともに，森林の現場の視察が主な情報源である．⑥審査チームはまた，地域においてその林業経営体と利害を持つ関係者からの聞き取りを行なう．このプロセスは経営体に関わる地域の問題を審査チームが認識するとともに，経営体の長所や短所を把握するための情報源となる．

　⑦収集したデータを基に，客観的で再現性があり他の事例と比較可能な方法で採点を行なう．評価手法は認証機関ごとにさまざまであり，チェックリスト方式やスコアリングシステムを導入しているところもある．⑧審査チームはFSCの原則と基準に従って，審査結果の報告書を書く．このなかには，クリアしなければ認証に至らない「前提条件」，認証は賦与されるが一定期間内に改善行動を取ることを義務づけられる「付帯条件」，認証の交付に支障とはならないが，よりよい経営を目指すために課せられる「勧告」がもしあれば，それらも示される．

　⑨作成された認証審査報告書は，まず経営者自身によって異議や誤りがないかのチェックを受ける．このプロセスは，報告書の内容に経営者が基本的に合

意したことを保証するためのものである．⑩さらに認証審査の方法と結果について，ピア・レビューを受け，報告書の信頼性を高める．ピア（peer）とは「同格」の意味であり，審査者と同格な専門家に報告書の妥当性を再審査してもらうプロセスである．

⑪もし審査結果が認証に値するということであれば，その後，毎年の監査を受けることを条件に，5年間の認証交付が決定され，認証機関からFSCへ結果報告と申請が出される．またもし認証に値しないという結果に終わった場合は，将来の認証取得に向けて必要な改善プロセスが示される．⑫FSCから認証が交付されると同時に，認証審査報告書の要約版が認証機関のウェブサイトなどに公開される．

以上のプロセスを通じて特徴的なのは，審査が客観的で公正に行われるよう，透明な手続きを心がけている点であろう．FSCの森林認証においては，各経営体の認証審査と，国内基準の策定の2つのプロセスに公共や利害関係者の意見を汲みあげる仕組みが作られており，FSCの特徴となっている．

ロゴマークの使用　FSCによって認証された経営体からの生産物には，規定に示された条件を満たす場合，FSCのロゴマークを付けることが認められている（図4-5）．対象となる生産物は，a）無垢の木材（丸太，製材品），b）無垢の木材が集まってできた製品（集成材，合板，成型部材など），c）特用林産物（キノコなど），d）重量で17.5％，または追加分については30％以上の認証木材繊維を含む木材繊維製品，e）重量で70％以上の認証木材を含む集合製品（家具や，一塊の製品として梱包された木材）となっている．

流通・加工過程においては，木材製品の梱包や形状または量が変化する場合や，所有権が移転する場合には，それぞれの中間業者がCoC（加工・流通過程の管理）認証を取得しなければならないことになっている．FSCの認証プログラムにおいては，認証された林産物は基本的に，生産地まで流通・加工経路を遡ることが可能とされている．

4-2-2　北米の森林認証制度はどのようなものだろうか

認証プログラムの性質　北米における森林認証プログラムである持続的林業イ

FSC Trademark ©1996
Forest Stewardship Council A.C.

図 4-5　FSC のロゴマーク
木をチェックするという意味が込められている.

ニシアティブ（SFI）は，アメリカの林業経営・製紙業界の母団体であるアメ
リカ林業製紙協会によって 1994 年に開発された．その後協会とは別に設立さ
れた持続的林業委員会がプログラムの運営を行なっており，認証の基準や各種
手続きもこの委員会で決定される．しかし 15 人の委員会メンバーのうち 6 人
が協会から送りこまれているなど，業界色が色濃く残っている.

　SFI も FSC も，どちらも現場レベルで林業経営を改善することを目指してい
る．しかし両者の成立の起源は異なる．FSC は影響力のある環境団体が核に
なっており，環境と社会の側面から森林生態系を保全することを目的とし，そ
こに経済（持続的経営）の側面が付加されてできあがっている．そして世界中
のさまざまな森林タイプや社会・環境の下でも適用可能な汎用性を目指してい
る．一方 SFI は，マダラフクロウの保護のため西部各州の国有林が伐採事業を
大幅に縮小するなど人びとの関心が森林管理に向いたのを契機に，合衆国の業
界団体が設立し，のちにカナダも加わり，そこに両国の環境・社会の団体が加
わって今日の形にできあがった．カナダ標準化協会という ISO 関連の組織が
カナダ側の対応機関となっていることからも示唆されるとおり，SFI は ISO を
ベースに構築され，システム整備に主眼がおかれたプログラムである．主に北
米の森林を対象とし，アメリカの法規の下で森林管理に適切な実効を上げるこ
とを想定している.

　SFI と FSC では，設立の目的と目指すべき水準も異なる．SFI は多くの経営

体に対して社会が容認できる最低限の水準を確保することを目的とするのに対し，FSC は望ましい森林経営をしている経営体に市場ベースでの便益（価格プレミアム，商品の差別化，市場での優位性など）を付与することで誘導しようとするものである．

SFI の認証基準　認証審査に用いられる基準については，FSC が 10 の原則，56 の規準に対し，SFI が 5 の原則，11 の目標，35 の到達度指標となっている．FSC はすべての基準が必須で，第三者機関による認証審査のみであるのに対し，SFI では各原則においてコアとなる目標以外は，経営環境や地域性に応じて選択式となっており，また審査プロセスも経営者自身が毎年自己監査をして協会に申告するという自己確認の形態をとっている．なお SFI は近年，第三者機関による認証もプログラムに組み入れようとしている．

　それぞれのプログラムの原則や基準において，利害関係者の関心の対象となりうる重要な項目，例えば植林の位置づけ，持続的収穫量の要件，森林計画の枠組み等々，について 2 つのプログラムの基準を比較すると，要求される水準に顕著な相違が認められる．

SFI のロゴマークの管理　認証を受けた場合のロゴマークの使用規定についても，両者は多少異なっている．SFI のロゴマークはこれまで 2 回にわたって改訂されてきており，第 3 版が最新であるが，これはいまだ使用されておらず，市場では第 2 版のみが使われている．第 3 版のロゴマークは第三者機関による認証審査を経た経営体だけが使用することになっており，現在は準備中である．

　CoC 認証について，SFI プログラムでは，製材業者や製紙工場など，取り扱う材料の 50% 以上が丸太などの一次原材料である一次加工業者と，家具や合板業者など，取り扱う材料の 50% 以上が二次的な材料であるような二次加工業者に分類されている．一次加工業者は，原材料 100% が SFI の認定するプログラム（SFI そのもののほか，FSC や，カナダ，スウェーデン，イギリス，汎ヨーロッパ森林認証制度などの 7 つの認証プログラムが含まれている）によって認証されている場合，ロゴマークを付けることが認められる．二次加工業者については，一次加工業者から供給される原材料の 3 分の 2 以上が SFI の認定

するプログラム（同上）で認証されていればよいことになっている.

アメリカでは林産物の約70％が中・小規模な非産業的私有林所有者から供給されており，しかもその私有林所有者は全米で5万を越える伐採業者を介して木材生産を行なっている.こうした背景から，SFIプログラムの下でのCoC認証は，直接にそれぞれの原材料の流通ルートを確認する「直接認証」の方法と，ランダムサンプリングを基調に木材の供給源の認証取得割合を推定する「調達システム」方式の二本立てである.この調達システム方式ではそれぞれの木材に認証を証明する文書の添付を求めるものではなく，トータルに見て工場に入荷する原材料の3分の2が認証されていればよいという比較的緩い運用条件となっている.

4-2-3 森林認証制度は森林保全のツールとして有効か

これまで示してきたFSCとSFIの比較から，同じく森林認証制度と呼ばれる仕組みであっても，プログラムの性質やそれが適用される社会的背景などに大きな違いがあることが明らかになってきた（表4-2参照）.端的に言えば，SFIは制度や法律が十分に整備された社会において，その法律等を遵守すれば森林が適切に管理されることを前提として開発された認証制度であるといえる.これに対しFSCは，制度や法律およびそれらの適切な運用が十分に保証されているとはいえない社会において，そうした法律や制度だけでは森林の保全が確保されないとの危機感から構築された認証制度であるといえよう.このことは，FSCが熱帯林の減少を何とかくい止めようとの思いから作られた認証制度であることを思い起こせば容易に理解されよう.またFSCの認証基準がパフォーマンスを重視する，すなわち森林の現場で実現している管理水準を直接審査の対象としていることも同様の理由に基づくものである.FSCの森林認証制度は，森林全域でなく部分を選択的に認証するというしくみにより，差別化の価値を生み出し，そのことが自発的な発意とより意欲的な取り組みの推進力になっていることも納得できる.そして，FSCが差別化のプログラムであるがゆえに，一般木材が混入しないように監視するCoC管理のしくみが不可欠なのである.このようにみていくと，FSCとSFIはそれぞれ適用される地域の制度や法律を補完しながら働いていることが理解され，さらに，それぞれが必然

表4-2　FSCとSFIの比較

プログラム	FSC	SFI
認証の対象となる森林	優良な森林経営を選択的に認証	地域全森林の認証を目指す
認証取得の発意	全く自発的	形は自発的だが，半ば規定されていると考えられる
森林管理の規範	森林管理者はより望ましい方向へ意欲的に取り組むことを期待されている	法律を守ることを最低限とし，それを出発点としてさらに高い水準を目指す
認証基準	世界汎用基準を基本とするが，各国に特化した基準を開発することも可．パフォーマンスを重視	北米の法律や国情を基本とする．パフォーマンスとともに継続的に改善するためのシステム整備も重視
保護林の設定	FSCプログラムに規定されるが，法律を越えて設けることもある	法律の遵守を原則とし，それ以上は求めない
対象とする市場	ニッチ市場	一般市場
森林経営者にとっての便益	市場における差別化	市場参入への資格
CoCの必要性	製品を区別するためにCoCとロゴマークは必須	経営が認証されていれば必ずしも商品にロゴマークは必要ない
森林認証システムの性質	地域のなかで制度や法律が十分でないことを前提に作られた認証システム	制度や法律が十分であることを前提に作られた認証システム

的なしくみを備えて合理的に機能していることがわかるであろう．

　これまで地域のすべての森林の認証を目指した認証制度についてSFIを例にFSCと比較してきたが，世界にはSFIと同様の性質を持った地域や国ごとの森林認証制度が数多く存在する．例えばヨーロッパでは，イギリス，スウェーデン，フィンランド，ノルウェー，スイスなどがそれぞれ独自の森林認証制度を構築している．そして，それら全体を包みこむ形で，汎ヨーロッパ森林認証制度（Pan-European Forest Certification system, PEFC）が存在する．PEFCは各国の森林認証制度を審査し，それがPEFCの求める水準と同等であると認められ

た場合，各国の制度で認証された森林はPEFCの審査にも合格したと見なす取り決めを交わしている．各国の森林認証制度は厳密なCoCの監査を要求せず，また製品にラベリングを付けるシステムももっていないので，環境に鋭敏な市場へ出荷する際にはPEFCのロゴマークを付けることになる．こうしてヨーロッパの森林は，全域の認証を目指した各国の認証制度によって大規模に認証され，PEFCのロゴマークが統一的に付けられ，認証木材の一大供給地を形成した．さらに最近，アメリカのSFIとカナダのCSAもPEFCに加盟して承認を受け，この勢力に合流した．

　いま，世界の森林認証制度は，FSCとPEFC（ヨーロッパ各国の森林認証制度やSFI，CSA等を含む）に二分されようとしている．そして両者を支持する環境団体や業界団体等は，それぞれ相手方の制度の欠点を非難しあうなど，やや険悪な関係に陥ろうとしている．FSCを支持する環境団体等（それらの大部分はFSCメンバーである）は，例えばPEFCに対して，明確なパフォーマンス基準の体裁を取っていないとか，環境面が弱い（保護林を求めていないなど）とか，汎用性に乏しくヨーロッパにしか適用できない，といった批判をぶつけている．これらの指摘はFSCと相対的に比較すれば事実かもしれないが，これまでの検討から見て，PEFCの欠点とは言えないであろう．一方，PEFCの業界団体等はFSCに対し，コストが掛かりすぎるとか，すべての森林のことを考えていないとか，審査基準が漠然としている，といった批判をしてきた．こうした指摘も，ある意味ではFSCの認証制度が必然的にもつ性質といえ，欠点とは言えないのである．

　優良な森林経営を選択的に認証することによって差別化し，経営体のインセンティブを引きだしてきたFSCの森林認証制度と，地域のすべての森林の認証を目指してきたSFIやPEFCのようなタイプの森林認証制度は，いずれも生産地において違法伐採や過伐採を抑止し，生物多様性や環境への配慮を求めるなど，確かに森林保全に一定の貢献をしている．その意味で，森林認証制度は森林保全に有効な一つのツールである．しかし，世界の木材消費の過半は未だに薪や炭などの燃料として生産地の近くで消費されている．森林認証制度は，環境に鋭敏な市場へ出荷される木材にしかその影響力が及ばないという点で，その効果は限定的であるといわざるをえない．森林劣化が最も深刻な地域では，

森林認証制度に取り組む余裕すらないことを，世界最大の木材輸入国である日本の消費者は忘れてはならない．　　　　　　　　　　　　　　　　　（白石則彦）

Bass, S.（1997）Introducing forest certification. A report prepared by the Forest Certification Advisory Group（FCAG）for DG-VIII of the European Commission, European Forest Institute, Discussion Paper 1.

Fern（2000）PEFC does not fulfill minimum credibility requirements. http : //www.fern.org

Forest Stewardship Council（2004）FSC Principles and Criteria, Revised April 2004, http : //www. fsc.org/fsc/whats_new/Documents/Docs_cent/2.16

Forest Stewardship Council（2001）List of Certified Forests,（June 2004）, http : //www.fsc.org /fsc/whats_new/Documents/Docs_cent/4

Jenkins, M. B. & Smith, E. T.（1999）*The Business of Sustainable Forestry*. Island Press, Washington D.C.（日本語版は大田伊久夫・梶原晃・白石則彦（編訳）（2002）『森林ビジネス革命：環境認証がひらく持続可能な未来』築地書館．）

Meridian Institute（2001）Comparative Analysis of the Forest Stewardship Council and Sustainable Forestry Initiative Certification Programs, Executive Summary. Consensus Statement of Salient Similarities and Differences between the Two Programs.

5 地域住民と森林
——熱帯林の社会と政策

5-1 熱帯林をめぐる議論への視座

みなさんは熱帯林の消失と聞いて何を想像するだろうか．森林環境に興味の
ある人ならば生物多様性の喪失，CO_2（二酸化炭素）の増加，および洪水など
の災害を心配するであろう．よく森へレクリエーションに行く人ならば，鬱蒼
とした熱帯林の景観が無惨にも裸になっている姿を想像するかも知れない．ま
た，木造の家や木材製品を好きな人ならば，自分たちの生活や木材消費への影
響に不安を感じるだろう．

しかし，熱帯の森林地域に住む人びとのことを一番最初に想う人はあまりい
ないのではないだろうか．私たちの友人である熱帯林地域の人びとにとって森
林の消失は生死に関わる重大問題であるにもかかわらず，私たちはあまりにも
彼ら彼女らのことを知らなすぎるのではないだろうか．

森林が消失して薪がなくなれば，人びとはお湯を沸かすことも，ご飯を炊く
ことも，肉を焼くこともできなくなる．そもそも，森がなくなれば果実などの
食料が食べられなくなるし，森林の存在があってこそ維持されてきた焼畑農業
の実施が不可能となり，主食の米，イモ類，雑穀類も生産できなくなる．森に
住んでいたイノシシやシカ，それに川魚もいなくなり，重要なタンパク源を失
ってしまう．食料を買おうと思っても，籐，樹脂，沈香（香木）などの非木材
森林産物がなければ現金を得ることができず，結局森の民は難民状態に追いこ
まれてしまう（井上 1999）．このことを端的にあらわしたのは，1997年に発生
したインドネシアの森林火災（井上・ナナン 2000）による煙害および人びとの
生活の困窮である．

ここでは，熱帯の森林地域で生活している人びとの存在を強く意識すること
をとおして，これまでなされてきた議論を再検討してみよう．みなさんの熱帯
林に対する眼差しをいったん壊していただきたい．固定観念にとらわれない

自由な，そして曇りのない澄んだ目で現実を把握し理解するうえで，この作業はとても重要なのである．

5-1-1　熱帯林消失の原因は何か

　国連食糧農業機関（FAO）は10年ごとに世界森林資源調査（FRA：Forest Resources Assessment）を実施している．2001年に公表された2000年のFRA（http：//www. fao. org/forestry/fo/fra/index. jsp）によると，1990年代における熱帯の天然林の消失速度は年間1420万ha（北海道の2倍に相当）であるが，人工林が年間190万ha（香川県の面積に相当）ずつ増加したため，森林全体では年間1230万ha（日本の国土面積のおよそ30％）の消失とされている．この場合の森林消失（deforestation）とは，樹冠率（樹木による地表の被覆割合）が10％未満となるような土地利用（非森林）への転換をさす．

　一方で，森林の質が低下することは森林劣化（degradation of forest）と呼ばれる．したがって，森林消失のプロセスとしては，森林が一挙に非森林に転換される場合と，森林劣化が進展して最終的に森林消失に行きつく場合とがある．熱帯林消失の要因についてはコラム1のように要約されるが，ここでは互いに対立する立場から森林消失の原因がどのようにみえるのか（井上 2003）について考えてみよう．

　フォレスターの視座　まず，森林行政官は，焼畑農業（コラム2参照）に代表される地域住民たちの土地利用を，時代遅れで破壊的なものであると見なす傾向がある．また，地域あるいは国家全体の森林保全のことに日夜頭を悩ませている自分たちにくらべて，森林地域の人びとは自分たちの生活のことしか考えていないと不満も感じるであろう．そして，保護区を囲いこんでしっかりと監視することや，無知蒙昧な人びとに森林の大切さを教えることが問題解決のために必要であると考えてきたことは歴史的事実である．

　つぎに，政府から伐採や造林の権利を正式に獲得した林業会社のスタッフは，法的な権利をもっていない人びとを森林経営の障害であると見なす．森林地域の人びとは伐採労働者として働くための能力（たとえば自動車の運転や機械の使用のための技術）をもたないため，会社は外部から労働者を連れてくるケー

スが多く，ますます邪魔者にみえてくる．しかし，そうはいっても人びとに林業活動の邪魔をされたり，抗議行動を起こされては面倒なことになる．そこで，ブルドーザーで整地した果樹園に対して補償金を支払ったり，簡単な造林作業の労働者として雇用したり，林道を走るトラックの後ろに無料で住民を乗せてあげたりする．もっとも，すべての企業がこのように争いを避ける努力をしてきたわけではない．

　一方，森林科学者（林学者）は早生樹の一斉造林地（たとえばユーカリ造林地）へ多様な樹種を導入して生物多様性を向上させるための試験を行ない，アグロフォレストリー（農林畜の複合的土地利用）の生態的・経済的な特性を研究し，あるいはより適切な造林技術を開発することに精力をかたむける．その前提には科学技術（あるいは科学知）への絶対的な信頼と，在地の伝統的技術（あるいは生活知）への不信感がある．地域の人びとおよび林業会社による非持続的な土地や森林の利用を改善することが科学者としての大きな目的なのである．

　これらの人びとは，林学教育を受けたいわゆるフォレスター（森林官，林業技術者）として括ることができよう．森林消失問題に対するこれらの人びとの視座を「フォレスターの視座」と呼ぶことにしよう．フォレスターの視座の特徴は，①森林のことを第一に考え，②地域住民を森林管理の制約要因と見なし，③技術の改善（つまり近代的技術の導入）と人びとへの教育が問題解決に役立つと考えていることである．

　森林地域住民の視座　これに対して，先祖代々森林地域で生活してきた人びとにとって，林業会社は自分たちの森を奪いに来た侵入者として登場する．会社が集会所や橋を建設してくれても素直に喜ぶことはできない．そのようなサービスは懐柔策ではないかと疑ってしまう．人びとは林業会社が国の決まりを破って直径 50 cm 以下の木を伐ったりしているのも知っており，ますます不信感がつのる．

　また，人びとは森林行政官に対して強い不満を感じている．それは，本来ならば会社と自分たちのあいだに入ってくれるべきなのに，まったく自分たちの意見を聞いてくれないからである．森林行政官と会社とが結託して自分たちの

自然保護地域内にある村（2002年12月，ラオ
ス・サワンナケート県にて，井上真撮影）

森を奪い，そこから利益を得ようとしていると思わざるをえない．林学研究者
なんて森林行政官や林業会社と一緒になって試験地を作り，わけのわからない
研究をやっているだけではないか．自分たちはずっと森林を上手に利用してき
たのだから，現在の森林破壊をくい止めるためには，森林行政官が企業による
森林伐採を中止するか，少なくともきちっと制御することがむしろ重要なので
ある．にもかかわらず自分たちの力ではどうにもすることができない．人びと
はこのようないらだちを感じている．

　こうした視座を「森林地域住民の視座」と呼ぶことにしよう．森林地域住民
の視座の特徴は，①自分たちの生活の維持・向上を第一に考え，②フォレスタ
ーに対して不信感を抱き，③地域住民による森林の管理・利用がもっと認めら
れるべきであると考えていることである．

　森林地域住民の視座からみると，まさに「フォレスターズ・シンドローム
（森林官症候群）」（＝森林官が樹木を愛し人びとを嫌うという性向）の蔓延が
問題であることが認識され，まずはそれを克服することが問題解決への第一歩
となることが提案されるのである．つまり，地域住民への教育ではなく，むし
ろフォレスターへの教育および森林行政の構造改革が問題解決のために必要と
されるのである．

　誤解があってはいけないが，森林地域住民の視座とは森林地域住民の認識の
みならず，森林地域住民の視線から問題を理解しようとする専門家（行政官，

**森林伐採および森林火災によって強度に劣化し
てしまった森林**（2003年8月，インドネシア・
東カリマンタン州にて，井上真撮影）

研究者，市民など）による認識も含むものである．また，紙幅の関係上ここで
論じることはできないが，プロローグで述べたように，森林地域住民は多様で
あり，人びとと森林との関係はさまざまであることに留意すべきである．つま
り，本当に破壊的な森林利用をしている入植者たちも存在することを忘れては
ならない．

　どちらの視座が正しいのか？　同じ熱帯林消失の問題でも，視座によって理解
のしかたとそこから導かれる解決策とがまったく異なることがわかっていただ
けただろうか．この考察をさらに展開させるためには問いのたてかたを工夫す
る必要がある．なぜならば，どちらが正しい見かたかという問いをたててしま
うと，個人の価値観や人生観への攻撃を含んだ泥仕合となってしまい，生産的
な議論が望めそうもないからである．
　ただ，この2つの視座がまったく対等に存在してきたのではないことは確認
しておく必要があろう．フォレスターの視座が政治的権力を有する行政官や企
業によって担われ，科学者によって権威づけされたのに対して，森林地域住民
の視座を支持する側の力は依然として弱いのが現実である．民主主義は多数決
であると割りきるならば，多数派の認識であるフォレスターの視座に基づいた
対策を今後も追求するのが合理的な帰結となる．

　しかし，実はこれまで数十年のあいだフォレスターの視座に基づく研究と政策が実施されてきたにもかかわらず，森林は消失・劣化する一方であった．この事実をどのように説明すればよいのであろうか．どうやら，少し政治学的な視点を導入する必要がありそうである．つまり，「どちらの視座が正しいか」という問いではなくて，「フォレスターの視座が力をもった結果として誰が利益を得たのか，立場を強化したのか」という問いをたてるのである．

　タイの王室林野局の予算と人員の推移をみると面白いことがわかる（佐藤 2002）．わずか数十人のスタッフで設立された森林局は，森林が半減している間に2万人近くの職員にふくれあがった．比較的最近の 1982 年と 98 年とをくらべても，予算は7倍増，人員は2倍に増加している．つまり，林野局は森林の伐採機関から環境保全機関への変身を遂げつつ，荒廃した土地へのコントロールを維持しながら植林などのビジネスで活路を見いだしたのである．森林の消失にもかかわらず林野局の立場が強化された事例である．

　また，具体的に数値で示すことはできないが，熱帯林が消失する一方で熱帯林関係の研究に投入された予算と研究者の数はある時期まで順調に増加したことは間違いないであろう．その意味で熱帯林の伐採によって利益を得た企業のみならず，科学者も確実に利益を得てきたのである．

　以上より，今後の森林保全のために必要なのはこれまでの延長線上で問題に取りくむのではなく（すなわちフォレスターの視座に基づいて問題に取りくむのではなく），森林地域住民の視座からの取りくみをもっと強化することが必要であることが導きだされる．このような取りくみは，1970 年代から実施されてきた社会林業やコミュニティ林業（コラム3）の試みをさらに進展させるものである．少数派にも優しい成熟した民主主義の実践が不可欠なのである．

　しかし，これはそう簡単なことではない．まずは，林学教育のカリキュラムを変えたとしても効果がでるまでには長い年月がかかるであろう．また，政治権力のありかたも大きな障害となろう．たとえフォレスターが症候群から脱却したとしても，フォレスターの政治的パワーが弱小であれば，森林をめぐる利権を根本的に改変することは容易ではない．したがって，森林の管理・利用をめぐってどのような利害関係者が登場し，それぞれどのような動きをして利益を獲得するのかを明らかにすることが今後の重要な課題となる．

5-1-2 造林は良いことなのか

地球環境問題のなかで森林は重要な位置づけがなされている（コラム4参照）．熱帯での造林[1]は成長が早くCO_2吸収源としての機能が高いと考えられるからである．したがって，経済面での見通しがつけば産業造林[2]がクリーン開発メカニズム[3]の事業として展開される可能性がある（小林 2003）．ただし，産業造林の場合は伐採された時点で炭素が放出されたと見なされ，また CDM としての炭素固定量の評価基準も曖昧であるため，どのくらいの企業が事業に参入するのかを推測するのは難しい．一方で，環境造林[4]の場合は人工林としてかなり長期にわたって炭素を固定するため，CDM 事業として推進されやすい面がある．この場合の実施主体は，企業ではなく NGO などとなろう．

しかし，果たして熱帯における造林事業を無条件に高く評価してよいのであろうか．そこで，ここでは熱帯造林の良い面と悪い面について簡単に整理してみよう．

熱帯造林の長所　①環境面——気候変動枠組条約締約国会議において議論されたように，森林は地球温暖化を加速させている温室効果ガスのなかでも重要な役割を果たしている CO_2 を吸収・固定しており，森林自体が巨大な炭素貯蔵庫となっている．ただし，極相（クライマックス）に達した原生林や林齢の高い二次林では，光合成（CO_2 を吸収）と呼吸（CO_2 を放出）とが均衡しており，吸収源にも放出源にもならない．また，こうした森林が伐採されて木材が最終的に燃やされることを想定すると，森林は CO_2 の放出源と見なされる．したがって，CO_2 の吸収源としての機能を有効に果たすのは，造林によって形成された若い人工林と天然更新した若い二次林ということになる．

②経済面——産業造林の主な担い手は紙・パルプ産業である．紙の消費量の増大に応じて，原料となる良質な木材チップを安定的に確保するために広葉樹（ユーカリ類やアカシア類）や針葉樹（ラジアータ松）が大規模に造林されてきた．このようなモノカルチャー（単一栽培）の人工林は短期間（10数年）で収穫がなされ大規模農園と類似していることから，フォレスト・プランテーションあるいはツリー・ファームと呼ばれている．

日本企業も1970年代から海外で産業造林を実施しており，2000年末の時点

では南半球を中心に 9 カ国 30 プロジェクト（造林面積は約 30 万 ha）が実施中となっている（Japan Overseas Plantation Center for Pulpwood 2001）．しかし，うち 16 プロジェクトはオーストラリア，3 プロジェクトがニュージーランドで，熱帯はブラジル（1 プロジェクト），エクアドル（1 プロジェクト），パプア・ニューギニア（2 プロジェクト），ベトナム（1 プロジェクト）での 5 プロジェクトのみである．これは，熱帯諸国での造林事業が当該国の所得向上に役立つとともに短期間での収穫が可能であるという利点をもつにもかかわらず，下記に述べるような社会的問題を孕んでいるため結局は企業が支払うことになるコストが高くつくからだと思われる．

　熱帯造林の短所　①生態面——産業造林も環境造林も，第一に造林対象とするのは荒廃地や草原である．フォレスターは，荒廃地や草地に森を造るのは生態学的にまったく問題ないと考える習性がある．しかし，そのような認識は必ずしも正しくない．フォレスターにとっては荒廃地にみえる土地や草地であっても，動植物を含めた多様な生態系を形成し，長年にわたって地域の人びとの貴重な生活資源となっている場合もある．人との相互作用によって形成されてきた生態系は固有であり，草地を人工林よりも一段低く位置づけることは妥当ではなかろう．したがって，現況の植生からだけで判断するのではなく，対象地の過去の歴史をさかのぼって調べたうえで造林対象地を選定すべきであろう．もちろん，つい最近まで森だったにもかかわらず現在は荒廃地となってしまっている土地は，造林をとおして生物多様性を高める契機とするという意味でかなり優先順位は高くなるであろう．
　一方で二次林を伐採して燃やしてから造林するケースもかなりみられる．インドネシア政府は，産業造林事業権を取得した企業に対して造林対象地内の二次林を伐採して販売する許可をだしている．そのため，造林会社は利潤を得るためにかなり大きく豊かな二次林を合法的に伐採している．造林が二次林の生物多様性を低下させることは明らかである．さらに，伐採した樹木を燃やすことが造林地の手っ取り早くて安上がりの整地であるため，産業造林のための火入れは 1997〜98 年の大森林火災の主要な原因（オイルパーム農園開発のための火入れに次ぐ要因）にもなってしまった．

②社会面——産業造林の最大の問題は地域住民が利用している土地を造林地として収用することである．もちろん，造林会社は政府との契約に基づいて事業を実施しており何ら悪いことはしていないと主張するであろう．しかし，住民からすれば農地や果樹園を造林のために合法的に奪われたことになる．インドネシアでの典型的なパターンを示してみよう．

1990年代に入ってから，インドネシア政府は産業造林を強力に推進している．産業造林とは，産業造林事業権を取得した事業体による生産林地における人工造林のことである．インドネシアの木材産業を強化するとともに，荒廃地を緑化し環境保全の推進を図ることを目的としている．ところが，造林対象地にはすでに多くの人びとが居住し，焼畑農業を営んでいる．

造林用地の収用方法は会社によりさまざまであろう．人びとが陸稲などを作付けしている最中の畑を強制的にブルドーザーでつぶすことはないようである．そのかわり，畑の周囲は造林の対象地となる．したがって，造林地で囲まれた畑の地力が落ちる数年後には，畑の耕作者はその場所から退去せざるをえなくなる．そのときすでに，近くの休閑林はきれいに伐採されて早生樹の大規模造林地となっており，焼畑農業を行なう場所はわずかとなっている．一方で，人びとが植えた永年生作物（果樹やコーヒーなど）が造林対象地に含まれる場合は伐採される．もちろん，補償金が会社から支払われるが，補償の対象は土地ではなく伐られる永年生作物だけである．

このようなプロセスで土地を失う人びとは，想像を絶するライフスタイルの転換を強要されるに違いない．そこで，会社側も住民のためのプログラムを用意している．造林対象地で造林後の1〜2年のあいだ造林木の管理と引き換えに農作物の間作（植えた樹木の列のあいだに農作物を栽培すること）を認めたり，生活に必要な樹木の造林技術を指導したりする．

しかし，これらは根本的な解決になりえない．産業造林地域の人びとの平和的選択肢は，主に造林の労働者として働くことによって生計を維持するというライフスタイルをとるか，ほかの場所へでていくか以外にありえない．前者の場合，会社による安定雇用が前提であり，もしも会社が相当な人数を継続して雇用することができなければ，人びとは結局後者の選択をせざるをえなくなる．つまり，人びとは造林会社に土地を奪われるばかりではなく，会社が必要なと

きだけ安い労賃で雇われて支配され，あげくの果ては見はなされることになりかねない．そのような問題が広く認識されるようになったからこそ，1990年代後半になって造林事業への抗議活動（斎藤・井上 2003）が頻出するようになったのである．

　このような土地などの資源に対する権利をめぐる社会問題[5]を伴うならば，いかに CO_2 の吸収源としての期待があるとはいえ，熱帯地域での造林事業の促進にはかなりの不安がつきまとう．日本政府と日本企業が CDM の手段として熱帯造林を推進することには相当な注意が必要であろう．

5-1-3　住民による森林利用・管理は持続的なのか

　これまでの議論から，「熱帯林の管理はすべて地域住民の自由な管理に任せたほうがよい」と感じた人がいるかもしれない．しかし，本当にそれでよいのであろうか．ここでは「持続性」と「民主性」という多くの人の支持を得ることのできる価値判断を導入しつつ問題提起をしてみたい．

　持続的利用の3類型　私は1987～89年末までの約3年間，東カリマンタンに滞在してフィールド研究を行なった経験がある．そのときに，異人（よそ者，私のような研究者）による技術の持続性への評価（エティック的視点）と，技術に対する地域の人びと自身の認識（エミック的視点）との隔たりに気づいた．自然利用の方法は，つねに対象とする自然の性質に対する明示的な知識からなる技術を基盤としているとは限らない．意識されない知識，すなわち暗黙知に支えられている技術もある．また，技術とはいえないような偶発的な利用方法が出現することもあるだろう．このような思考を経て概念化されたのが「持続的利用の3類型」である（井上 1997）．

　第1の「偶発的な持続的利用」とは，無意識的な行為が結果的に持続的な利用となっている利用様式である．カリマンタンの焼畑をみると，小山の頂上付近に樹木が残っている場合がある．これを「人びとは土壌浸食を防止するために山頂付近に森を残す」と解釈するのは誤りなのである．調査の結果，たまたま斜面の下方から伐採を進めて必要な面積を確保したところで伐採を止めた結果，小山の頂上付近の樹木が残されたことが判明した．

　また，焼畑作業において，伐採した後の火入れとそれに続く二度焼きのあと燃え残った樹木はそのまま畑のなかに放置される点である．このような樹木の存在によって，激しいスコールによって傾斜地で生じやすい土壌浸食（エロージョン）が抑えられている．しかし，畑に燃え残りの樹木が散らばっているのは，粗放な整地の結果そうなっているにすぎない．さらに，人びとは陸稲の収穫時に穂先の部分だけ刈り取り，茎（藁）の部分はそのまま放置される．したがって，ほかの草本類や樹木が生えるまでのあいだ，土壌浸食の防止に役立つ．しかし，それは利用しない藁をわざわざ刈りとる必要がないからである．

　第2の「副産物としての持続的利用」は，別の目的をもったある一定の意識的な行為が結果的に持続的な利用となっている利用様式をさす．この事例としては，焼畑用地の循環方式があげられる．彼らは，太股の太さ，あるいは腰周り以上に植生が回復するまで待ってから，焼畑跡地を再利用している．しかし，それは，樹冠が閉鎖する前の藪を伐採・火入れして陸稲を植えつけると，雑草の繁殖力が強くて除草作業が極めて大変であるのに対して，比較的大きな二次林から作った畑ならば除草作業が楽だからである．このため，植物体に含まれる養分量がある程度の量に達してから伐採・火入れされることにより，より持続的なシステムとなる．

　また，人びとは毎年畑を移動させているが，それは2〜3年続けて耕作すると雑草の繁茂がひどくて，除草作業に手間どるからである．これにより，土壌中にある樹木の種子の発芽力を保つことができ，素早く植生が回復する．さらに，精霊が宿っていて伐採すると子どもが病気になったりするために，焼畑用地のなかにあっても保存される樹木が存在するが，これも副産物としての持続的利用の一例である．

　第3の「意識的な持続的利用」は，持続的利用を目的とした利用様式のことである．日本の入会林野の利用においては，林野に入ってよい時期が決められていたり，使用してよい道具や採取してよい量が規制されていた．このような意識的な持続的利用の事例は，熱帯林地域で広くみられるものではない[6]．

　持続性と民主性　誤解があってはいけないが，私は決して「偶発的な持続的利用」と「副産物としての持続的利用」を軽視しているのではない．持続的利

用がなされていること自体を高く評価している．しかし，自由・平等・独立な個人が取りむすぶ民主的な社会では，自然資源は地域住民だけのモノではなく国民みんなのモノとなる．上流の森林は酸素を供給したり，レクリエーションの場となったり，土砂崩れを防止したりする大切なものであるから，下流域の人びと，県内の人びと，さらには国民全体がその森林の管理に関わる権利をもつ，という考えかたである．場合によっては森林地域住民の意向が無視されて市民参加による多数決で「民主的」な資源管理へと展開してしまうかもしれない．

　このような状況のなかで，地域住民の視座にたった政策提案をするためには，単に「資源の管理を地域住民に任せるべきである」と主張するだけではなく，地域住民による資源の利用管理を，持続的な資源利用とか民主的決定といったある程度普遍的な価値に接合する作業が必要とされる．このような普遍的な価値を地域にもちこむのが「よそ者（研究者や NGO など）」であり，よそ者と地域住民とのあいだの繋がりと共同作業および相互変容のなかで，具体的な資源管理のありかたが決まっていくのであろう．

　具体的にいうと，「意識的な持続的利用」がなされていれば，行政サイドとしてはそれをそのまま政策に取りこみやすい．なぜならば，持続的利用という普遍的な価値がすでに体現されているからである．一方，そうでない場合は，行政・研究者・NGO など外部者との相互作用のなかで適切な政策を形成することが求められる．たとえば，森にはカミが宿るとの認識に基づいて「副産物としての持続的利用」を実施していた人びとが持続性を意識した瞬間から「意識的な持続的利用」が展開する．そして，それを維持するための規制を決めて持続的な森林管理の実現へと展開させる道が開けるのである．

　もちろん，持続性に欠けるからといって，その地域で歴史的に育まれてきた森林の利用・管理を否定するのはあまりにも短絡的である．持続性というグローバルな基準を押しつけて，人びとが有する多様な人生の意味を奪う権利は誰にもないはずである．つまり，普遍的な「科学知」によって地域固有の「生活知」を否定するのではなく，協議をとおして両者の適切な補完関係を探る態度が必要なのである．

5-1-4 森林は誰のものか

以上のような考察から，森林利用に関する持続性の議論は民主性の議論と密接に関わっているらしいことがわかる．私たちは，森林は誰のものであり，誰が管理したり利用したりする権利を有するのか，という議論の土俵のうえにすでに上がっているのである．このような議論は社会科学の守備範囲である．

森林社会学とコモンズ　ここで述べられているような問題を考える際に重要と思われるのは社会科学のなかでも社会学である．その理由を簡単に述べてみよう．資源の持続的利用は個人の単一な行為によって成しとげられるものではない．なぜなら，人びとは社会を形成しているからである．つまり，個人の行動・行為は，自己の欲求満足を最大限に追求しようとする本能と，個人の行動・行為を規制する社会規範（たとえば自然資源の利用に関わる共同制御など）との相互関係によって決定されるのである．したがって，ある社会において資源の持続的利用がなされているかどうかは，個人的・私的な問題としてではなく，社会的な問題として検討することが不可欠なのである．

　私の考える森林社会学とは，人間社会で展開されるさまざまな森林環境に関わる事象を分析し，人間にとっての森林環境のありかたを考える学問である．つまり，森林社会学は，①フィールド研究をとおして森林地域住民の視座を理解し，②よりよい森林環境との関わりかたを考えるとともに，③そこからみえてくる世界を手がかりに問題の全体構造に迫る，という特徴を有するのである．

　さて，森の所有，利用，管理についての議論はコモンズ論として展開されている（井上 2004）．コモンズとは，「自然資源の共同管理制度，および共同管理の対象である資源そのもの」（井上・宮内 2001）と定義される．資源の法的所有にはこだわらず，実質的な管理（利用を含む）が共同で行なわれることをコモンズである条件とする．したがって，ある自然資源が私的所有物であっても，暗黙にあるいは契約によって地域住民によって共同管理（collective management）されているならば，その資源管理制度はコモンズの範疇に入れて議論される．一方で，国有林や県有林の場合，人びとによる共同管理がなされていればコモンズであるが，行政機関による排他的な管理（私的管理と類似）がなされているならばコモンズとはいえない．

　理屈からすると共同管理の主体である管理集団の規模は，最も小規模な地域社会レベル，さまざまな段階の地方政府レベル，国家レベル，地球レベルまでさまざまである．しかし，国家レベルや地方政府レベルの管理は集権的になりやすく，比較的平等な参加を伴う共同管理からズレてくる．したがって，コモンズの成立しやすいのは，顔のみえる地域社会レベルということになる．

　地域社会レベルで成立するコモンズは「ローカル・コモンズ」と呼ばれる．つまり，ローカル・コモンズとは自然資源にアクセスする権利が一定の集団・メンバーに限定される管理制度およびその対象としての資源のことである．また，地球レベルで成立するコモンズは「グローバル・コモンズ」，すなわち自然資源にアクセスする権利が一定の集団・メンバーに限定されない管理制度およびその対象としての資源，と定義される．

　ローカル・コモンズをめぐる権利の対抗関係　「森林は誰のものか？」という問いは，「ローカル・コモンズの主体は誰か？」あるいは「自然資源の管理集団は誰か？」と置き換えることができる．自然資源の管理集団として第一に位置づけられるのは地域社会の住民たちである．地域住民による森林管理の事例としてあげられるのが，熱帯地域における社会林業やコミュニティー林業である（コラム3を参照）．

　しかし，自然資源の公共性が広く認知されるようになると，もはや地域住民だけに管理のすべてを委託するわけにはいかなくなり，自然資源管理への市民参加や公共信託[7]などによって国民の利益の保護が図られるようになる．イギリスのコモンズやアメリカの国有林管理がこれにあたる．また，ナショナル・トラスト[8]のように資源が地域住民の生活と切り離されて，都市住民たちが主体的に管理する場合もある．一方で，地域住民，行政，企業，市民団体のパートナーシップによる地域の環境改善運動としてグランドワーク・トラストも試みられている[9]．

　ここで用語の確認をしておきたい．まずは「住民参加」と「市民参加」の違いである．森林管理・利用への「住民参加」とは，利害当事者としての住民が主に木材やほかの林産物を供給する経済的機能に着目して森林管理に参加することである．一方，「市民参加」とは，社会の良心的構成員としての市民や公

衆（都市住民を含める）が主に環境を保全しレクリエーションの場を提供する公益的機能に着目して森林管理に参加することである．かなり乱暴で大雑把な区分であるが，イメージしやすさを優先させて，暫定的にこう理解しておこう．

つぎは「パートナーシップ」と「コラボレーション（協働）」との違いである．「パートナーシップ」が持続的かつ一体的な協力関係をさすのに対して，「コラボレーション（協働）」は複数の主体が対等な資格で，具体的な課題達成のために行なう非制度的で限定的な協力関係ないし共同作業をさす．後者は前者を包含するものと考えることもできるし，後者のうち特別な関係に展開したのが前者であると考えることもできる．日本の公害問題や熱帯林問題における行政の対応の歴史から学ぶならば，「パートナーシップ」よりも「コラボレーション」のほうが，住民・市民と行政との関係に相応しいであろう．つまり，地域住民，市民，行政，企業のあいだで是々非々的な，距離感覚を大事にした自然資源の共同管理を実現することが当面の政策課題なのである．

ローカル・コモンズをめぐる権利関係は，所有権，利用権，アクセス権という３つの視点で整理される．熱帯諸国では依然として国家による所有権と地域住民による利用権との対抗関係および相互調整が最重要課題であることにかわりないが，保護地域の設定をめぐってさらに都市住民によるアクセス権を含めた調整が必要となってきている．日本の場合，閉塞状態にある入会林の利用目的を木材生産だけに限定せず，広く参加者を募って資金や労働力を調達する事例がみられるようになり，近い将来はイギリスのように公衆のアクセス権をも視野に入れる必要性がでてくるであろう．いずれにせよ，ローカル・コモンズの持続的管理のために，住民参加のみならず市民参加も次第に重要性を高めつつあるのが現状である．

ここで問題となるのが地域住民の利用権と公衆（都市住民や世界市民）のアクセス権との対抗関係である．この対抗関係が最も明確に現れるのが熱帯諸国における国立公園などの保護地域である．そこには森の恵みに依存して生活する人びとがいる．イノシシやシカを狩り，木の実や果物を採集し，森を流れる小川で魚を捕り，薪を採取し，薬草を使用して生きている人びとがいるのである．これらの人びとの居住域を，生物多様性の保全のため保護地域に設定するとき，そこで生活している人びとの声は国家に届かず，また人びとの存在自体

が地球市民に無視されやすい．まさに環境ファシズムである．

　私たちが目指すべきは，多数決原理が大手を振って闊歩するような荒々しい競争社会ではなく，森林地域で生活する人びとのような少数派かつ権力をもたない人びとが心地よく幸福感をもって生活できるような成熟した民主主義社会であろう．

5-2　地域の実態を国家政策へ

　そのような社会へ向けての歩みは，個々の政策をより良いものに変える努力によって具現化される．では，地域の実態をどのようにして国家政策へ反映させたらよいのだろうか．行政学的な視点および政治学的な視点を取りこみながら，以下で考えてみたい．

5-2-1　国家政策は正しいのか

　政策とは政府がうまくことをはこぶための方針，すなわち個人や企業では解決できない公共問題に対して政府がとる問題解決の技法のことである（佐々木2000）．これを具体的に説明するため，政府の活動を4区分しそのなかで政策を位置づけてみよう．第1は「政策（policy）」活動であり，活動方針と将来期待する状況を書きこんだシナリオ作成をさす．第2は「事業（project）」および政策と事業をつなぐ中間概念としての「施策（program）」を形成する活動で，政策活動の下位区分を形成する活動をさす．第3は「業務（operation）」活動で，事業を実行するために執行部からだされた指示やスケジュール，設定された手続きにしたがって現場で遂行されるルーチンワークなどをさす．第4は「執行（execution）」活動で，政策を実現する実施活動を担当する組織，権限，人事，財源などを決定し，業務担当組織に分配する活動をさす．第3と第4の活動を主に担うのが公務員である．また，広義の政策は第1と第2を含むが一般に業務・執行は含まない．

インドネシアの森林政策　インドネシアでは，州レベルでの関係官庁の合意のもとに「合意による林地利用計画（TGHK）」が策定されてきた．1994年の国

家森林調査によると，利用区分別面積（および国土面積に対する割合）はつぎ
のとおりである．永久林が1億1380万ha（国土面積に対する割合は59%），
うち保安林は3070万ha（同16%），公園および保存林は1880万ha（同10%），
制限生産林は3130万ha（同16%），普通生産林は3300万ha（同17%）であ
る．この他，農地や宅地などに用地転換する予定の森林である転換林が2660
万ha（同14%）とされている．州別にみると，永久林面積が最大なのはイリ
アンジャヤの2881万ha（永久林の25%）である．東カリマンタンの1595万
ha（同14%），中カリマンタンの1103万ha（同10%）と合わせ，この3州に
永久林のおよそ半分が集中して分布している．

1999年に新しい林業法（1999年法律41号）[10]が制定されるまでのインドネ
シア林政の基本は1967年に制定された「林業基本法」であった．土地基本法
（1960年制定）に基づいて登記され所有権が保証された土地上の森林以外はす
べて国有林に編入され，TGHKのような利用区分がなされて国家（所管は林
業省）により管理されたのである．

転換林は農業省などへ移管されて油ヤシ農園や移住事業用地として活用され
た．保安林や保存林は林業省が直轄で管理し，生産林は森林開発事業権の発給
をとおして企業に管理を任せたのである．前項で取りあげた産業造林も伐採と
同様で生産林における産業造林事業権を取得した企業が管理主体となった．た
だし，生産林のなかでも1ha当たりの蓄積が25 m³以下の低生産林分のみが対
象地とされていた．

現場の実態と政策との隔たり　しかし，森林地域に居住している人びとが多数
存在するにもかかわらず，それらの人びとの存在は森林政策のなかではほぼ無
視されてきたのである．その事例を示そう．

インドネシア共和国の東カリマンタンにはマハカム川という国内第三の川が
流れている．その上流域にあるM村はバハウ（Bahau）人によって20世紀初
頭につくられた村である．人びとは村の領域を，タナ・ウマ（居住地），タナ・
ルプウン（焼畑や居住地の跡地で果樹園などになっている場所），タナ・パテ
イ（墓地），タナ・マワッ（慣習保全林），タナ・ブラハン（慣習利用林）など
に類型化している．また，生活の基盤である焼畑（ルマ）の用地は植生に応じ

て，ベエッ（放棄直後），スピタン・ウッ（下草が多い2〜3年の小さな叢林），スピタン・アヤッ（下草が少ない大きな叢林，山刀で伐採可能な太さ），カハラ・ウッ（下草がない小さな二次林，斧で伐採可能な太股の太さ），カハラ・アヤッ（大きな二次林），トゥアン（原生林）とに分けられている．通常は，スピタン・アヤッかカハラ・ウッを伐採し焼畑利用することにより焼畑用地の循環が成り立っているのである．

　ここでとくに注目したいのは，タナ・ブラハン（慣習利用林）とタナ・マワッ（慣習保全林）である．前者は，村人たちが木材および非木材森林産物を自由に採集利用するための森で，よそ者が利用する場合には村から許可を得て対価を支払う必要がある．これに対して，後者は慣習法長の指揮の下で長老会議などによって必要と判断された場合を除いて利用できない森である．タナ・マワッの禁制を解いて利用することをナサッ（nasaq）という．慣習法長の葬儀の準備，集会所や教会の建設，家屋の建設などの場合になされてきたナサッは，1972年を最後として今日までなされていない．

　このように資源を管理してきたM村に1990年代になって災難がふりかかった．産業造林事業権をもった企業がやってきてタナ・マワッ（慣習保全林）のおよそ半分を伐採してしまったのである．これまでは旱魃などで焼畑の収穫が低下しても，人びとは森林産物の採集利用および販売によって生活を維持することができた．つまりM村の人びとにとって慣習保全林や慣習利用林は生活を保障する駆けこみ寺であり，最後の拠り所であった．その森が略奪されたわけである．

　この事実はつぎのことを示している．第一は，およそ100年前に造られた村の存在が考慮されないまま，M村を含む一帯が生産林として利用区分されたことである．第二は，村人によって利用規制がなされ良い状態で管理されてきた森林の存在が無視され，低生産林として産業造林用地とされたことである．こうした行為を許す森林政策は確実に人びとの生活を脅かしてきた．実際に，産業造林などを実施する企業に対して住民たちが面会を求めた場合，なぜか交渉相手が軍人であったり，会社のスタッフに警察が付き添ったりする現実がよく指摘される．人びとの声を政策に反映することなどまったく考えられない状態だったことを象徴している．つまり，森林政策の正当性はかなり怪しいので

ある.

5-2-2　住民参加は政策のなかでどのように位置づけられるのか

　こうした現実と理想的なありかたを描いた政策とのギャップ, すなわち問題を解消する手だてのことを政策手段という. 行政学では政策手段は5つに整理されている (佐々木 2000). 第1は権力的な手段である. 具体的には, 規制行政において活用される法律・政令・条例・規則などをさす. 第2は経済的誘因の提供である. 具体的には, 補助金の給付, 利子の補給, 奨励金の給付, 税の減免措置などプラスの利益を供与して行為を促進させる場合と, 特別課税, 負担金の賦課, 制裁課徴金など不利益を供与して行為を抑制する場合とがある. 第3は情報の提供である. 広報や宣伝活動など大衆を相手とする場合と, 相手を限定して行なう行政指導 (説得して同意を得て期待する方向へ誘導) とがある. 第4は物理的制御で, 具体的には公園への自動車進入の禁止, および道路の中央分離帯の設置などがある. 第5は直接サービスの供給で, 国防, 治安, 治山治水, 司法, 福祉, 教育, 文化, 道路, 橋, 港湾など社会的共通資本 (宇沢・茂木 1994) の整備などが含まれる.

　手段としての住民参加　上記の政策手段のなかで熱帯諸国の林政課題, すなわち持続可能な森林管理の達成のためにこれまで活用されてきたのは, 林業基本法や政令など権力的な手段, および企業に対して森林開発事業権を発給することをとおしての経済的誘因の提供である. 一方で, 林野行政官庁が情報を一括管理していたため大衆を相手とした情報提供はほとんど行なわれてこなかった. また, コンセッションホルダー[11])に対する行政指導はなきに等しい状態であった. 事業対象地の道路建設や地域社会へのサービス (集会所や橋などの建設) など社会的共通資本の提供については, 財源とスタッフの不足のため政令を定めてコンセッションホルダーに肩代わりさせてきた. 森林セクターで物理的制御といえば立ち入りを禁止するため国立公園などの保護地域を柵で囲いこむことが想定されるが, 現実離れしているためかこれまで適用されてこなかった.

　このような政策手段がうまく機能しなかったことはすでに述べたとおりである. その原因のなかでも森林地域住民の視座から重要なのは, ①政策の対象が

コンセッションホルダーに限られていたこと，②政策手段を行使する林野官僚，および政策対象のコンセッションホルダーの技術者（つまりフォレスターたち）の間で前述のフォレスターズ・シンドロームが蔓延していたことである．

　幸いながら，現在では社会林業の理念が広く国家森林政策に取りいれられ，まがりなりにも住民参加の法制度が整いつつある．問題は住民参加を人びとの懐柔策として形だけ取りいれているケースがかなり多いことである．したがって，解決へ向けての取りくみとして具体的に浮かびあがってくるのは，①政策対象を森林地域住民にまで広げ，②森林地域住民が持続可能な森林の管理・利用に一定の権限をもって関与することを認める法制度をさらに整備し，③行政や企業の専門家・技術者たちがフォレスターズ・シンドロームから脱却できるような手だてを考えることである．以上で，実践的な視点から住民参加が持続可能な森林管理のために合理的な政策手段であることを説明した．

　つぎに，理論的な視点から議会における立法を正当な手段とする議会制民主主義のもとで，住民（市民）参加が正当化される論理を確認しておこう．現実社会のなかで調整を必要とする事項は数しれない．これらすべての事項を法律によって規制することは非現実的であり，専門性・即応性・柔軟性などを考慮すれば，行政裁量（行政権の一定の範囲内での判断，あるいは行為の選択の自由）の必要性が認識される．そこで重要になるのが，行政裁量による行政計画をいかに民主的にコントロールするかである．そのための手段が，国民に判断の基礎的資料を提供する情報公開と，国民の関与の機会を保証する住民（市民）参加なのである（コラム5を参照）．

　目的としての住民参加　これまでの議論では住民参加はあくまでも持続可能な森林管理のための手段として位置づけられていた．果たしてそれでよいのだろうか．熱帯地域において森林の存在は人びとの生活と密接に結びついている．したがって，政策の目標を森林保全（あるいは持続可能な森林管理）に限定するのではなく，むしろ森林地域の人びとの生活福祉の維持・向上におくのが合理的である．この考えは社会林業の理念として広く認識されるようになった．

　それでもなお，「森か，それとも人びとの暮らしか？」という問いかけは，依然としてフォレスターにとっての踏み絵であると私は思っている．「人びと

の暮らしは森林保全のための手段にすぎない（森＞人びとの暮らし）」という
言説は，森林は森林地域住民だけのためではなく一般市民あるいは人類のため
に存在すべきであるという前提にたっている．そこには森に依存しながら生活
してきた人びとの生存権および生活権への配慮が感じられない．逆に，「人び
との暮らしが良くなれば森林はどうなっても良い（森＜人びとの暮らし）」と
いう言説は，森林居住者たちの生活が長期的な視点からすれば森林の存在に依
存していることを見逃している．

したがって，「森林は第一義的には森林地域に住む人びとの暮らしのために
あり，それがひいては人類全体のためになる」という考えに基づき，「森も人
びとの暮らしもともに大切である（森＝人びとの暮らし）」という前提で議論
することが求められる．すなわち，地域住民の懐柔策として参加型森林管理を
実施するのではなく，また森林保全の手段として人びとの生活福祉の維持・向
上に目を向けるのではなく，人びとの生活福祉の維持・向上それ自体を森林保
全（あるいは持続的森林管理）と同時に達成されるべき目標として位置づける
ことが求められているのである．

5-2-3　住民参加は国際社会で支持を得ているか

熱帯諸国における森林地域住民の参加を促進するためには，地域における地
道な活動をとおしたボトムアップの取りくみとともに，国際的な圧力による国
家政策の変革というトップダウン的な活動も重要である．そこで，ここでは住
民参加をサポートする国際的取りきめについてみてみよう[12]．

国際的取りきめにはハードローとソフトローとがある．ハードローとは，条
約や協定など法的拘束性を有する国際的取りきめである．これに対して，ソフ
トローとは，国連総会決議，国際条約の締約国会議における決議，勧告などの
法的拘束力をもたず，何らかの取りくみを各国政府に求める取りきめのことで
ある．また，ハードローに付属するガイドライン類も法的拘束性をもたず，実
際に適用される政策や施策で活用されるレベルで表現されている．森林管理へ
の住民参加に活用できそうな条項を次頁の表5-1に示す．

この表から地域住民による森林管理・利用への参加が，一部の研究者やNGO
による主張の枠をこえて，世界的な潮流として定着していることを理解してい

表5-1　国際的取り決めにみる住民参加

類型	条約名など	条項	内容
ハードロー	エスポー条約（1991 Convention on Environmental Impact Assessment in a Transboundary Context）	第3条8項，および第4条2項	公衆が環境影響評価のプロセスに関与し意見や異論を述べる機会の保証
	生物多様性条約（1992 Convention on Biological Diversity : CBD）	第8条 j項	伝統的な知識を利用し保護すること，および利益の公正な分配
	国際熱帯木材協定（1994 International Tropical Timber Agreement : ITTA）	第1条 j項	地域住民の利益の保証
	砂漠化防止条約（1994 Convention to Combat Desertification）	第3条 c項	地域住民を含むステークホルダー（利害関係者）との同等なパートナーシップ
		第13条の1のc項	ODAを通して先進国が地域住民の参加を支援すること
	天然林生態系の管理・保全および人工林造成のための地域条約（1993 Regional Convention for the Management and Conservation of the Natural Forest Eco-system and the Development of Forest Plantations）	第3条 d項	地域住民が施策（program）の計画作成と実施の過程に参加すること，および利益の分配を受けることを保証
		第5条 a項	全ての利害関係者が政策（policies）の計画作成・実施・評価の過程に参加することを保証
		第5条 b項	伝統的知識の保護と利用
	オーフス条約（The 1998 Convention on Access to Information, Public Participation in Decision-Making and Access to Justice in Environmental Matters）	第7条と第8条	すべての利害関係者が計画・施策・政策および法律・規則を作成する過程へ参加する機会を保証．第9条ですべての利害関係者が権利を取り戻す手段を保証

ハードロー に付属する ガイドライ ン	森林生物多様性のための施策の付属文書（Annex of Decision IV/7 Work Programme for Forest Biological Diversity）	第14節	森林に関する伝統的知識（Traditional Forest Related Knowlege：TFRK）を持続可能な森林管理へ統合するための方法を研究し開発すること
		第30節	TFRK を利用し保護することに関する情報交換
	天然熱帯林の持続可能な管理のための ITTO 基準と指標（The ITTO 1998 Criteria and Indicators for Sustainable Management of Natural Tropical Forests）	基準1	地域住民と公衆の参加（計画作成，意思決定,情報収集,モニタリング,アセスメント）を保証する枠組みを確立すること
		基準7	地域住民の権利（土地保有およびその他の権利），および経済活動や共同管理協定への参加を保証すること
	ラムサール条約決議（The Ramsar Convention Resolution 7.8）	第11節	住民参加の枠組みの構築
		第12節	柔軟な適応的アプローチの必要性
		第13節	情報交換・伝統的知識の活用・モニタリングへの参加・ネットワークの構築など
		第14節	参加型管理への財政支援
ソフトロー	世界自然憲章（Worls Charter for Nature）	原則23	すべての人びとに参加の機会および権利を取り戻す手段の利用を保証
	環境と開発に関するリオ宣言（Rio Declaration on Environment and Development）	原則20-22	女性・若者・先住民・その他の地域住民の参加
	アジェンダ 21（Agenda 21）	第23章	個人・集団・組織が環境影響評価および意思決定に参加し，関連する情報にアクセスすることの重要性
	森林原則声明（Statement of Forest Principles）	第2条 d項	すべての利害関係者による計画作成と実施の過程への参加
		第5条a項	地域住民および先住民の権利
		第6条d項	地域住民による造林等への参加
		第12条 d項	伝統的知識の保護と利用および利益の公正な分配
	森林に関する政府間パネルで提案された行動（Proposal Actions of IPF）		森林認証の過程への地域住民の参加
	森林に関する政府間フォーラムによる行動提案（Proposals for Action of IFF）		保護地域の計画作成と実施への地域住民の参加

出所：地球環境戦略研究機関（IGES）森林保全プロジェクトのプロジェクト会議で提出された磯崎博司・小松潔メモより作成.

ただけたであろう.

5-2-4　求められる政策研究のありかたは

　問題は,それにもかかわらず,まだそれに応じた国家森林政策が未整備であ
ることと,現場での住民参加の試みがまさに始まったばかりで模索状態にある
ことである.このような現状のなかで政策研究者がなすべきことは何であろう
か.そのためには研究者の役割について再考することが必要であろう.

　政策研究者の役割　社会学者ギボンズ(1997)は2つの科学活動のモード(様
式)を想定している.モード1は従来から存在する知識生産の様式である.そ
こでの研究活動は,各ディシプリン(学問の個別専門分野)の内的論理によっ
て進められる.たとえば,問題解決はディシプリン内部の規約にしたがって進
められ,研究成果の価値はディシプリンの知識体系の発展にいかに貢献してい
るかによって決まる.そして,研究成果は学術雑誌や学会などの制度化された
メディアを通じて普及される.ただし,研究の実用的な目的は直接的には存在
せず,そこへの参加者は専門教育を受けた人に限られる.

　これに対して新たな様式であるモード2において,問題設定は応用の文脈で
決まる.そして,問題解決には多様なディシプリンからの参加が求められる.
トランスディシプリナリな(個別の学問分野をこえる)問題解決の枠組みが用
意され,個別のディシプリンにはない独自の理論構造,研究方法,研究様式が
構築される.研究成果は制度化されたメディアを通じて普及されるのではなく,
参加者たちのあいだで学習的に知識が普及される.参加者の範囲は広く,知識
生産の拠点は大学だけではなく分散する.

　このような認識に基づくならば,フィールド研究に基礎をおく森林政策研究
はモード2として展開させるのが妥当であろう.したがって,専門家としての
研究者が自ら設定した自由な(あるいは勝手な)テーマを解明するために行な
うといった,従来型の政策研究のありかたそれ自体を見つめ直すことが求めら
れることになる.研究対象地の人びとと共に問題を発見し,共に研究し,問題
解決のための行動計画を共に策定することが地域住民の視座にたった政策研究
者の重要な役割として認識されるのである(井上 2002).

このような考えかたに違和感を抱く研究者は多いであろう．なぜならば，この認識は専門家の権威を貶め，「専門家が無知な素人にわかりやすく真正なる知識を啓蒙するという発想」（小林 1999）に基づく従来型のコミュニケーション，すなわち専門家から非専門家への一方通行のコミュニケーションを変革することになるからである．

しかし，すでに明らかにしたように鳥の目で全体を眺望する視点に偏った政策研究が現実の改善に有効性を発揮できなかったのが事実である．したがって，私たちはモード2に区分されるフィールド研究に基づく政策研究に挑戦しなければならないのである．実はこのような挑戦は近代科学的な枠組みそのものを問い直し相対化する作業として位置づけられ，たいそう価値のある試みなのである．

実践的な政策研究の試み　モード2の理念に基づくフィールド研究の方法として有効だと思われるのが，「参加型アクションリサーチ（Participatory Action Research：PAR）」である．PARの理念は，行為を起こすべき人びとが研究の初期段階から研究者とともに研究過程に関与することである．つまり，地域の人びとが必要だと思っている課題に対して，人びとと研究者とが協力して調査し，事態を改善しようとする行為である．

したがって，問題を調査し認識を深める段階，行動のための計画を策定する段階，その行動計画を実施する段階，行動を評価する段階，そして行動計画の改訂へという全体的なフィードバック，およびそれぞれの段階ごとに自分たちで観察し省察するという個別段階でのフィードバックのすべてにおいて，研究者は人びとと共同作業を実施することになる．

この方法ならば，「誰のための調査か？」という倫理問題を地域の人びとから突きつけられることはなさそうである．多くのフィールド研究者が，フィールドワークのたびに感じる負い目から解放されるのである．ただし，PARが研究であるかぎり，フィールド研究者が学術論文を書くことを視野に入れていることは間違いない．したがって，PARの共同作業によって得られる情報・データを研究論文の作成のために利用することに対して人びとの合意を得ておく必要がある．また，上で示したPARの各段階における観察と省察の結果を

現地の言葉で記録し，人びとの行動にフィードバックさせる努力が不可欠である．

　しかし，ローカルレベルでのこのような実践の経験が国家の政策に活かされなければ，問題が生じた場所に赴いてそれを解決するという行為を半永久的に繰りかえすことになりかねない．このようなモグラ叩き状態を脱却するためには，やはり政策を改善することが必要となる．

　では，ローカルレベルでのフィールド研究を，政策へと結びつけるにはどうしたらよいのであろうか．これについては，現在取り組み中であるので，別の機会に論じたい．

理論的な政策研究の課題

　地域住民の視座に基づく実践的な政策研究の過程で，理論構築の必要性もみえてきている．それは森林管理に誰が参加すべきなのかという議論に一定の指針を与えてくれるような理論である．

　とりあえず，私は東南アジアや日本の現場での取りくみをサポートする理念として「開かれた地元主義」と「かかわり主義」に基づく「協治」が有効であると考えている（井上 2004）．「協治」とは，「中央政府，地方自治体，住民，企業，NGO・NPO，地球市民などさまざまな主体（利害関係者）が協働（コラボレーション）して資源管理を行なうしくみ」である．英語でいうならば，collaborative governance（協働型ガバナンス）にあたる．

　このような「協治」は地元の人びとが地域エゴと呼ばれるような態度をとると成立しない．したがって，地域住民が中心になりつつも，外部の人びとと議論して合意を得たうえで協働（コラボレーション）して森を利用し管理しようという「開かれた地元主義」が重要となる．また，すべての関係者が平等に関与する権利を認めてしまうと，都会人や外部者など政治的な力の強い人びとが発言力をもつことになり，結局地元の人びとの意見が反映されなくなってしまうかもしれない．そこで，なるべく多様な関係者を地域森林「協治」の主体としたうえで，かかわりの深さに応じた発言権を認めようという理念，すなわち「かかわり主義」が重要となる．「かかわり主義」が採用されれば，地元の人びとの発言権と権利が保障される（＝「地域エゴ」という誹りを受けない）と同

時に，まじめな外部者が森林管理にかかわることが正当化される（＝「よそ者は黙っていろ」といわれない）．

　この議論をさらに展開するためには，「公共性とは何か？」に関する議論をもっと深めることが必要だと思っている．住民参加と市民参加との関係に関する議論，住民と行政との関係に関する議論，コモンズの議論などは，かなりの程度で公共性の議論に包含されるものである．公共性の定義については，財政学，社会学，法学，政治学，公共哲学などの分野でそれぞれ議論がなされてきた．したがって，それらをまずはしっかりと把握し，熱帯林の現場に即した形で理論を形成しなければならない．

　森林の現場から考えるという姿勢で研究をやっていると，こうしてさまざまな学問分野へと目が開かれてゆき，ハイブリッド研究者（井上 2002）として成長してゆく．また，研究の世界（アカデミズム）を超えて実践との往復のなかでつねに刺激を受けながら研究を進めることができる．

　森林の現場に基づく研究はかくも面白いものなのである．　　　　　（井上　真）

1）造林とは文字どおり林を造ることであり，林学の専門用語として再造林（reforestation）と裸地造林（afforestation）とを包含する概念である．造林のための作業は育苗と育林に大別される．育苗は苗畑で行なわれ，耕起，砕土，施肥，播付け，挿し付け，床替え，根切り，掘取りなどの作業が含まれる．育林は林地で行なわれ，地ごしらえ，下刈り，植え付け，枝打ち，蔓伐り，徐伐（人工林に侵入した天然性の樹木を伐ること）などの作業が含まれる．これに対して植林という用語は一般用語として使用される．一般用語としての植林は専門用語としての造林と同義のように使用されているが，実は植えつけるという具体的な作業に焦点が当てられており，ほかの造林作業はイメージされていない．したがって，ここでは植林ではなく造林という用語を使用している．

2）パルプや製材など産業用の原料調達を目的とする造林のこと．

3）先進国と途上国が共同で排出削減プロジェクトを実施し，それにより生じた削減分の一部を先進国の削減目標達成に利用するしくみで，CDM と呼ばれる．

4）緑化によって環境条件を改善するための造林のこと．

5）同様な問題は，保護地域の設定に際しても生じている．生物多様性を守るなどを目的として設定される保護地域に対して悪いイメージを抱く人はあまりいないであろう．しかし，森林地域で生活している人びとにとって，保護地域が設定されるということはこれまで生活のために利用・管理してきた資源を奪われることなのであ

る．わけのわからない抽象的な地球市民，会ったこともない日本など先進国の人び
と，あるいは同じ国民でありながら自分たちとは乖離している首都に住むエリート
たちのために，自分たちの生活資源が保護地域として囲われるのである．森林地域
の人びとがどんな気もちでいるか想像できるであろう．ジャワ島の事例は原田（2001），
ラオスの事例は百村（2003），ベトナムの事例は土屋ら（2003）を参照されたい．

6）熱帯地域における資源管理において意識的な持続的利用がなされている興味深い
事例がインドネシアの東部にみられる．これについては，笹岡（2001）を参照のこ
と．

7）公共信託とは，公共機関に財産の管理を委託することである．これにより，市民
の意志を市場による決定ではなく公共の場に反映させることが可能となる（宮本
1989）．なお，公共信託理論は，重要な交通手段である海上・河川における航行・
通商や，海浜・河岸への自由な立ち入りを保障するための理論として発達した．公
共信託によって保護される受益者たる住民の利益としては，伝統的に「航行・通商・
漁労」の3つがあげられてきた．しかし，今日では公共信託理論の最も重要な役割
は海浜などでのレクリエーションの保護にある．また，天然資源（海浜・森林）の
開発や利用を制限し，これらを生態的に自然な状態のままに保全すること自体が，
公共信託によって保護されるべき人びとの利益であるという主張が認められるよう
になってきた（畠山 1992）．

8）ナショナル・トラストとは，無秩序な開発などから自然環境などの破壊を防ぎ保
全するため，広く人びとから基金を募って土地を買い，あるいは寄贈を受け，保存・
管理・公開する市民運動のこと（木原 1984）．1895 年にイギリスで生まれた．

9）グランドワーク・トラストは 1980 年代にイギリスで生まれた．ナショナル・ト
ラストと違い，主として都市化・工業化の進展によって環境の悪化した都市近郊地
域や，産業の衰退などによって経済が衰退した都市の後背地や過疎の進行する農村
地域で展開される．したがって，環境保護でなく環境改善が主な目的となる（千賀
1996）．

10）新しい林業法（1999 年法律第 41 号）が旧林業基本法と大きく異なるのは，森林
行政に関する権限の一部を地方政府に移譲すること，地域の慣習法が存在するなら
ば国民の利益に反しないかぎり国家はそれを尊重すべきであること，および慣習共
同体が国有林の一部である慣習林を管理する権利を有すること，が明記されている
点である．また，森林の機能別類型は，保全林（自然保留林，自然保全林，狩猟公
園），保安林，生産林の3類型とされた．

11）森林開発事業権や産業造林事業権を取得した企業のこと．

12）この項は，地球環境戦略研究機関（IGES）・森林保全プロジェクトの成果および
研究会でなされた議論に基づいている．文献としては，磯崎（2000）および小松
（2001）が参考になる．

13) 地球環境戦略研究機関（Institute for Global Environmental Strategies : IGES）にお
　　ける第2期森林保全プロジェクト（プロジェクトリーダー：井上真）. 研究成果と
　　して，井上（2003）および Inoue and Isozaki（2003）がある.

磯崎博司（2000）『国際環境法』有斐閣.

井上　真（1997）「コモンズとしての熱帯林」『環境社会学研究』3号，15-32.

井上　真（1999）「熱帯林の開発と保全」上智大学アジア文化研究所（編）『入門・東
　　南アジア研究』めこん，pp.157-158.

Inoue, M.（2000）Participatory forest management, Edi Guharidja, et al.（Eds.）, *Rainforest
　　Ecosystems of East Kalimantan : El Nino, Drought, Fire, and Human Impacts,* Springer Ver-
　　lag, Tokyo.

井上　真（2002）「越境するフィールド研究の可能性」石弘之（編）『環境学の技法』
　　東京大学出版会.

井上　真（編）（2003）『アジアにおける森林の消失と再生』中央法規.

井上　真（2004）『コモンズの思想を求めて：カリマンタンの森で考える』岩波書店.

井上　真・ナナン，マルティヌス（2000）「インドネシア」日本環境会議（編）『アジ
　　ア環境白書 2000/01』東洋経済新報社，pp.241-247.

井上　真・宮内泰介（編）（2001）『コモンズの社会学：森・川・海の資源共同管理を
　　考える』新曜社.

宇沢弘文・茂木一郎（編）（1994）『社会的共通資本：コモンズと都市』東京大学出版
　　会.

木原啓吉（1984）『ナショナルトラスト』三省堂.

ギボンズ，M.（編著），小林信一（監訳）（1997）『現代社会と知の創造：モード論と
　　は何か』丸善.

小林傳司（1999）「科学論の規範性の回復に向けて」岡田猛・田村均・戸田山和久・
　　三輪和久（編著）『科学を考える：人工知能からカルチュラル・スタディーズまで
　　14の視点』北大路書房.

小林紀之（2003）『地球温暖化と森林ビジネス：「地球益」をめざして』日本林業調
　　査会.

小松　潔（2001）「森林保全への取組みと国際社会：IFF から UNFF へ」『林業経済』
　　638号，pp.11-21.

齋藤哲也・井上真（2003）「熱帯植林と地域住民との共存：インドネシア・東カリマ
　　ンタンの事例より」依光良三（編）『破壊から再生へ：アジアの森から』日本経済
　　評論社，pp.21-66.

笹岡正俊（2001）「コモンズとしてのサシ：東インドネシア・マルク諸島における資
　　源の利用と管理」井上　真・宮内泰介（編）『コモンズの社会学』新曜社，pp.165-

188.

佐々木信夫（2000）『現代行政学：管理の行政学から政策学へ』学陽書房.

佐藤　仁（2002）「森林と権力：環境政治学への誘い」『環境会議』1月号, pp.70-73.

千賀裕太郎（1996）「イギリスにおけるグランドワーク運動」木平勇吉（編著）『森林環境保全マニュアル』朝倉書店.

土屋俊幸・藤原千尋・山本信次（2003）「国立公園の管理政策と地域社会：ベトナム・タムダオ国立公園」井上　真（編）『アジアにおける森林の消失と保全』中央法規, pp.237-255.

畠山武道（1992）『アメリカの環境保護法』北海道大学図書刊行会.

原田一宏（2001）「熱帯林の保護地域と地域住民：インドネシア・ジャワ島の森」井上真・宮内泰介（編）（2001）『コモンズの社会学』新曜社, pp.190-211.

宮本憲一（1989）『環境経済学』岩波書店.

百村帝彦（2003）「保護地域における森林管理：ラオス南部・サワンナケート県の事例」井上　真（編）『アジアにおける森林の消失と保全』中央法規, pp.219-236.

Inoue, M.（2003）Sustainable forest management through local participation : procedures and priority perspectives. In : Makoto Inoue and Hiroji Isozaki（Ed.）*People and Forest : Policy and Local Reality in Southeast Asia, the Russian Far East, and Japan*, Kluwer Academic Publishers, pp.337-356.

Japan Overseas Plantation Center for Pulpwood（2001）*Harmonizing the Environment and the Production in Overseas Forest Plantation*. 海外産業植林センター.

コラム1――熱帯林消失の原因

森林消失の定義に基づくならば，最も重要な要因は，土地利用の転換をもたらす農業ということになる．農業には定着農業と移動耕作（焼畑農業）とがある．前者の例としては，キャッサバやオイルパームなど輸出用の大規模農園（プランテーション），および農民による商品作物や自給用作物の栽培である．後者は森林消失の元凶との汚名をきせられてきた．しかし，伝統的焼畑農業は環境に調和的であり森林消失の原因ではない．森林消失の原因として重要なのは，農村や都市から入植してきた人びとによる火入れ開墾（非伝統的焼畑農業）である．もっとも元来の焼畑民でさえも，外部社会との接触，人口の増加，消費水準の向上などを背景に伝統的な慣習が変容し，休閑期が短くなった準伝統的焼畑農業を営んでいる場合が多く，森林消失に加担しつつあることは否めない．

林業は森林を伐採して燃材や用材を生産する経済活動であり，本来は持続的な生産活動である．熱帯地域の燃材生産（薪の生産）は，枯枝や流木の採取が主体である．したがって，雨量の多い熱帯雨林地域で燃材生産が森林消失に結びつくことはまずない．しかし，用材生産（いわゆる商業伐採）が森林消失につながるケースは多くみられた．もちろん，ヘクタール当たり数本生えているフタバガキ科の有用樹木を択伐することが，そのまま森林消失となるわけではない．しかし，大径材の伐採は周囲の樹木に大きなダメージを与え，また搬出のための作業道や運材のための林道が開設され，かなりの森林劣化をもたらすことは確かである．特に，丸太や合板の貿易をとおして日本と関係の深い東南アジア島嶼部では，用材生産を入口とし，非伝統的焼畑農業を出口とする一連の森林消失プロセスが存在した．つまり，用材生産の跡地は林道や作業道があるので残された有用樹の伐採・搬出が容易となり，違法伐採が行なわれる．そして，林道沿いから奥へ広がる火入れ開墾によって，最終的にはアランアラン（イネ科）などの草原になってしまうのである．

農業，林業，牧畜業（放牧も含む），その他の開発（移住事業，ダム開発，鉱業など），森林火災など森林消失に直結する要因（つまり近因）の背景にある遠因のことは背景的要因（underlying causes），あるいは根本的原因（root causes）と呼ばれる．人口増加，土地の国有化，そして世界経済の体制のなかで生じる所得格差，消費の増大，地域社会の慣習の変容，森林をめぐる諸アクターの権力構造などがそれにあたる．

（井上　真）

コラム 2——焼畑農業の技術的特徴

　森林・草原を伐り払い倒れた樹木や草などを燃やしてから，陸稲，イモ類，雑穀類などを栽培する農業の一形態を「焼畑農業（swidden agriculture）」という．焼畑農業の本質は，単に火を使用することではなく，1回ないし数回作付けした後に畑を放棄して別の場所に移動し，畑の跡地を自然の植生回復に任せることにある．したがって，畑を移動させることに着目すると「移動耕作（shifting cultivation）」と呼ばれることになる．日本語ではこの両者を合体させて「焼畑移動耕作」と表現されることもある．

　焼畑農業の最大の特徴は収穫後の植生回復とローテーションにある．焼畑の跡地には草と一緒に樹木が一斉に生えてくる．そして，樹木がある程度の大きさになって葉が茂ると，太陽の光が地面にあまり届かなくなる．すると，樹木の下に生えていた草が急速に減少する．そして，まもなく樹木は人間の腿ぐらいの太さにまで成長する．カリマンタンの焼畑民たちは，植生状態がここまで回復するのを待ってから再び「伐採，火入れ，種蒔き，除草，収穫」という作業を繰りかえす．収穫後再利用までの期間（休閑期）は通常10数年であるが，あくまでも休閑期における植生の回復度合いが基準とされる．場所によって植生の回復速度が異なるなかで一定のバイオマスを確保する点で，このローテーション方法は合理的である．

　第2の特徴は火入れの効果にある．樹木を燃やすと後に灰が残る．これが作物の肥料となる．また，火の熱により有機物の分解が促進されて養分が増え，同時に土壌が殺菌されて病害の予防にもなる．さらに，一度焼いた後の燃え残りを集めて再度燃やすという作業によって，後に生えてくる雑草の量が少なくなる．これによって，除草作業が軽減されるという効果もある．

　このように持続的な土地利用である焼畑農業とは別に，農村部などから移住してきた人びとによっておこなわれる非持続的な「火入れ開墾（非伝統的焼畑農業）」がかなり広範囲で観察される．このような土地利用に対してFAOのエコノミストやフォレスターたちは，“slash and burn agriculture”という用語を充てている．

（井上　真）

コラム3──社会林業およびコミュニティ林業

多くの熱帯諸国では，植民地時代から林野行政当局が森林をしっかりと管理しようとすればするほど，慣行的利用を継続したい地域住民たちと対立した．フォレスター（森林官，林業技術者）は樹木のことばかり考え，地域住民のことは考慮しないばかりか邪魔者扱いする傾向があったためである．結局，この現象は伝統的林業（＝木材生産を主目的とする産業的林業）による持続的森林経営の失敗として認識されるにいたった．新たな戦略として1970年代後半に政策理念として登場したのが社会林業である．社会林業（social forestry）とは，地域住民の福祉の維持・向上を目的とする参加型の林業活動の総称であり，かつ政策理念としても用いられる．

社会林業に類似する用語としてコミュニティ林業（community forestry）がある．当初コミュニティー林業は地域開発のための林業関連活動に地域住民が関与する状況をさす用語として，つまり社会林業と類似する概念として用いられていた．しかし，次第に南アジアや東南アジア諸国で実施されたトップダウン型の社会林業プロジェクトへの対抗概念としてコミュニティー林業が定義されるようになった．つまり，コミュニティ（人びとの集団）が主体のボトムアップ型の森林管理・利用のしくみを指す用語として使用されるようになったのである．

しかし，アフリカ諸国をはじめとして集団単位ではなく個人（あるいは世帯）単位による植林活動などが重要な意味をもつケースでは，農家林業（farm forestry）という用語が用いられてきた．その意味で，個人が実施する農家林業やコミュナルな集団による森林管理を含む包括的な用語（umbrella term）として定義するならば，現在でも社会林業という用語は有効な概念であるといえる．

とはいえ，社会林業という用語にかなり手垢が付いてしまったことは事実である．したがって，不要かつ不毛な誤解を避けるために，むしろ参加型森林管理（participatory forest management），あるいは共働型森林管理（collaborative forest management）という用語を使用するほうが望ましいのかも知れない．ただし，これらの用語には地域発展の全体像のなかに森林部門を位置づけるという社会林業の有していた重要な含意がかなり薄れてしまうという欠点がある．いずれの用語を使用する場合でも，重要なのは使用する用語そのものではなくて，その実態なのである．

（井上　真）

コラム4——地球環境問題のなかの森林

　地球温暖化防止策の基本は，1992年に採択され94年に発効した気候変動枠組条約（United Nations Framework Convention on Climate Change : UNFCCC）と，97年12月のCOP3（気候変動枠組条約第3回締約国会議・京都会議）においてCO_2，メタン，フロン類など6種類の温室効果ガスの削減のために採択された京都議定書（Kyoto Protocol）である．合意にいたった第一約束期間（2008〜12年）における温室効果ガス削減目標は，先進国全体で90年の水準から5.2％（日本は6％）である．そして，具体的な運用ルールについては，98年のCOP4（同ブエノスアイレス会議）において，2000年11月のCOP6（同ハーグ会議）までに合意するという行動計画が確認された．しかし，そのCOP6は決裂・中断し，01年7月のCOP6再開会合（同ボン会議）に引き継がれた．アメリカのブッシュ新政権が京都議定書そのものを否定し，日本政府も一時これに追随する動きを見せたが，結局はEUの強い政治的意思と途上国の結束によって運用ルールが合意され，京都議定書の2002年発効に向けて世界は大きな一歩を踏みだしたのである．

　実はこのような経緯で成立したボン合意では，CO_2の吸収源については森林が議論の焦点となった．京都議定書では，森林管理などによるCO_2の人為的吸収量の増加分を第一約束期間から削減量に加えることができるとされていた．それに基づき，最終的にEUは日本が要求していた上限1300万tの吸収分（第一約束期間）などを受けいれた．こうしてEUが吸収源の議論で大胆な譲歩をしたことによって，日本やカナダも合意せざるをえなくなった．結局，京都議定書の削減目標値は先進国全体で5.2％から1.8％程度（日本は−2.1％）に引きさげられて決着したのである．

　ところで，共同実施（複数の国が共同で削減対策を実施して排出量を分けあう制度），クリーン開発メカニズム（先進国と途上国が共同で排出削減プロジェクトを実施し，それにより生じた削減分の一部を先進国の削減目標達成に利用するしくみでCDMと呼ばれる），排出権取引は，「京都メカニズム」と呼ばれ，温暖化防止の政治的合意を促すのに重要な役割を担っている．ボン合意では，共同実施およびCDMのプロジェクトとして原子力発電は事実上排除されたこと，およびエネルギーの効率改善や自然エネルギーの活用など小規模プロジェクトの手続きが簡素化されたことが大きな成果とされている．

　森林・林業関係で注目すべき点は，COP7（2001年10〜11月，マラケシュ会議）において新規植林と再植林がCDMの活動に含まれること，およびその吸収量は基準年（1990年）総排出量の1％を上限とすることが法的文書として採択されたこと，およびCDMの登録手続きのなかで当該CDM事業が持続的開発の達成を支援

するものであることをホスト国が確認することが義務づけられたことである．また，COP 9（2003年12月，ミラノ会議）において，年平均8キロCO_2トン未満を上限として小規模な吸収源CDMプロジェクトが認められ，また非永続性に考慮したクレジットの発行形態などが規定された．　　　　　　　　　　　　　（井上　真）

コラム 5──住民参加の程度・レベル

　住民の「参加」と一口に言ってもその程度あるいはレベルは多様性に富んでいる．参加の類型についてはいくつかの国際機関や研究者たちによって論じられてきた．そこで，ここではそれら既存の類型を検討する作業を通して到達した私なりの類型（Inoue 2003）を示すことにしよう．

　①知らせる（informing）：外部の専門家により決められた結果が住民に伝えられる．外部から住民へ一方向のコミュニケーション．

　②情報を収集する（information gathering）：外部の専門家の質問に住民が答える．住民から外部へ一方向のコミュニケーション．

　③協議する（consultation）：会議や公聴会などを通して外部の専門家が住民と相談・協議する．双方向のコミュニケーション．しかし，住民は分析や意志決定には関与できない．

　④懐柔する（placation）：住民が意志決定過程に参加する．しかし，主要な意志決定には関与できない．機能的参加とも呼ばれる．

　⑤一体的に協力する（partnership）：事前調査，計画策定，実施，評価といった全てのプロセスにおける意志決定や共同の活動に住民が参加する．参加は強制ではなくて権利である．

　⑥自ら動員する（self-mobilization）：住民が率先して活動し，外部の専門家がそれを支援する．

　「知らせる」，「情報を収集する」，「協議する」の3つは「参加型のトップダウンアプローチ」（Inoue (2000), pp.299-307）と括ることができる．これは名ばかりの参加であり，あまり好ましくない．次に，「協議する」は「専門家が主導する参加型アプローチ」である．そして，「一体的に協力する」と「自ら動員する」は「協働（collaboration）」の概念に含まれ，かつ「内発的なボトムアップアプローチ」として括ることができる．　　　　　　　　　　　　　　　　　　　　（井上　真）

6 森についての6つの問い

問い1 森林の多面的機能を発揮させるためには？

A1・空間計画の必要性

「森林の多面的機能」といっても，すべての機能を最大限に発揮する理想的な森林の形態があり，全国どの場所においても，その理想的な森林を目指して一律に管理するというものではない．また，森林と人間生活とが完全に切り離されないかぎり，人は森林と関わらず生活できるものではなく，森林にまったく人手を加えず自然の営為に委ねておけばすべてがうまく収まるというものでもない．

それぞれの場所が置かれているさまざまな条件によって，個々の森林のあるべき姿は違っており，各場所の自然的，地理的，社会的などの諸々の条件を勘案して，森林の目標像を設定し，その姿を保つように持続的に管理を行なっていく必要がある．具体的には，重なりあう複数の機能のバランスを調整したり，地域の状況に合わせて必要とされる機能を強く発揮させるようにしたりする必要があり，そのためにはさまざまな調整が必要となる．

こうした調整を形にするものが「計画」であるが，ひと口に計画といっても，空間計画，機能計画，制度計画，事業計画など，性格の異なる計画が存在する．森林が有している潜在的な機能を十分に発揮させるためには，必要な機能量を算出したり，機能の配分を行なったりする機能計画，人為の加えかたを制御したり促進したりする規範を明確化する制度計画，プロジェクトを実現するための資金や体制を整える事業計画，そして個々の場所の条件に応じて森林のありかたや保全・管理の方法を検討する空間計画，これらがバランスよく複合的に機能する必要がある．

しかしながら，森林の取り扱いをみていると，森林を人びとの生活の場と考える空間計画が手薄である．森林から木材を産出するにしても，水源涵養や国

土保全を促進するにしても，最終的には「人間の生活を豊かにする」ことが目標である．つまり，直接的，間接的の問題はあるにしても，結局は森林を人びとの生活の場として考えていく必要がある．機能を十分に発揮させるためには，最終的には個々の土地の管理，自然地の管理に結びつける必要があり，各場所の森林の管理にまで落としこまないかぎり，森林の多面的機能を最大限に享受することはできない．

　大都市圏を中心に，周辺の森林を楽しむ人たちが増えている．楽しみかたはさまざまで，ハイキングやピクニックはもちろん，鳥や草花などの観察会，木工や染色などのクラフト，そして森林を会場として美術展や音楽会を開催したり，下草刈りや間伐などの森林管理作業をレクリエーションとして楽しむ人たちもでてきた．近代化の過程で，森林に対して木材資源生産の場としての認識が支配的となったが，ここへきて地域の人びとや自然を求める都市住民の生活の場としての認識が高まりつつあるといえよう．森林と共生する，いわば森林を「庭」として楽しむような新たなライフスタイルが生まれつつあると考えられる．こうした新たな動きをさらに充実させていくためには，人びとが森林にどのような活動や役割を求めているのか，そしてその活動をより豊かに，より快適に行なうためには，「どこに」「どのような」森林が必要であるかを明らかにする必要がある．個々の森林が，人びとの活動や生活とどのように結びついているのかにもとづき，森林のありかたを検討する空間計画の考えかた，進めかたを導入していく必要がある．　　　　　　　　　　　　　　　（下村彰男）

A2・多面的機能を考慮した伐出技術

　森林の機能というと，きわめて人間側からの見かたである．森林にとって森林はただ森林である．

　健全な森林は木材や種子（果実）を持続的に供給するし，大気浄化や水源涵養機能をおのずと発揮する．森林が存在すること自体が地域の景観を構成し，文化を育み，レクリエーション，生物多様性など，単なる物質的存在を超えた精神的，多面的，総合的な機能を発揮し，多目的利用に耐えうるものである．

　このような機能を損なうことなく，木材を森林の恵みの一部として伐出，利用するにあたっては，森林生態系の基盤のうえに，情報や計画などのソフト面

での人間側の管理と，工学的技術によるハード面からの具体的処方が必要である．

　計画に際しては，作業区域の配置，長期的ローテーション，収穫と更新方法の選択，それを実行可能にする路網などの基盤計画を立てていく．木材を収穫することにより，更新と相互に連携させながら，森林を目指す方向，たとえば針葉樹人工林を針広混交林に誘導していくことなども可能である．情報には森林の樹種構成や年齢構成，成長量，植生・動物相等の生態，地形・所有者・面積・方位などの地図情報，航空写真などがある．地域の計画や，遺跡などの文化遺産，湿地帯，伐採制限区域などの規制も情報収集し，経済的，社会的なさまざまな側面を考慮に入れた短期，長期の森林計画，利用計画を組みたてていく．これらの計画の立案，分析にあたっては，立地調査（土壌調査），成長予測，環境への影響など，森林科学の総合的な知恵と技術が必要である．

　伐出作業を実行に移すにあたっては，伐採方法を非皆伐にして，生態系や環境への影響を緩やかなものとすることが望ましい．そのためには各種林業機械の特長を活かし，組み合わせながら作業システムを上手に構築していく．たとえば木材を空中に吊るして地表への損傷を最小限にする架線系の作業方式や，幅員の狭い作業道を活かした車両系集材などが有用である．作業道は上手に配置，施工することにより，その排水機能により降雨を林地に分散排水したり，排水した水を沢に誘導することにより，水土保全効果として機能させることも可能である．

　実際の作業に際しては残存木や土壌への損傷が生じないように，また作業に伴う枝条や細粒土が降雨によって河川に流入したりしないように，保護柵などの事前のケアや作業時の配慮も必要である．　　　　　　　　　（酒井秀夫）

A 3・森林計画制度のありかた

　日本の森林・林業に関する法律・制度は階層構造をなしている．その最上位に位置する「森林・林業基本法」（2001（平成 13）年改正，従来の林業基本法は 1964（昭和 39）年に制定）は一種の宣言法で，ここに日本の森林・林業が果たすべき中長期的役割と施策の方向性が示されている．この基本法が示す理念や方向性を具体化するために森林法をはじめとする多くの法律が制定されて

いる. 森林計画制度は, 狭義には基本法の「森林資源の長期見通し」を受けて全国・都道府県・市町村・経営の各段階で森林計画を作って実行する制度であり, 森林法のなかで定められたしくみである. しかし広義には保安林制度なども含め, 規制と助長の両面から望ましい森林管理を誘導するため, 関連する多くの法律全体で構成されているといってもよいであろう.

今日の森林計画制度は 1951 (昭和26) 年の森林法改正によってその原型が形成された. 当時は終戦後で全国的に水害や山地崩壊が多発するなど森林が荒廃していたにもかかわらず復興のため木材需要が増大していたので, このときの森林計画制度は森林伐採や林地開発に対して「規制的」な性格の強いものであった. その一方で林業を産業として育成する動きがみられるようになり, 農林漁業基本問題の一環で林業問題が審議され, 木材生産の量的拡大による産業としての林業の振興と, 林業従事者の社会的地位の向上が指摘された. そして 1962 (昭和37) 年, 森林計画制度は改正され, その性格は木材生産重視へと移行していった. この間を通じて森林管理の根底にあったのは「予定調和」の考えかたであった. 森林管理における予定調和論とは, 簡単にいうと「成長の旺盛な, 活性の高い森林は多面的機能も高い」というものである. これは要するに, 森林を木材生産優先で管理していても, 適切に管理していれば水源涵養, 山地災害防止などの多面的機能は付随して発揮されるという考えかたで, 木材需要の増大を背景に, 燃料革命によって用途のなくなった広葉樹林を伐採して人工林を造成する拡大造林政策を推進していくには好都合なものであった.

実際, 昭和 20～30 年代の荒廃した森林にとって予定調和論は決して誤りではなかった. 広葉樹林では, 短い周期で薪炭を採取したり, 田畑の肥料として落葉を収奪した結果として, 当時の林地の多面的機能はさほど高い状態ではなかったと考えられる. それに代わってスギやヒノキの苗木を人工的に植栽し, 適切に間伐などの手入れをして健全な森林を造成するならば, 多面的機能は高まると考えたのはむしろ妥当であった. そのころ林業は「儲かる」産業であったので, 森林所有者はみずから進んで植林し, 人工林の手入れをした. それは政府や公共の立場からみると, 森林の多面的機能を高めかつ木材資源の長期的安定供給につながるものと映った. このようにして戦後の日本国内において拡大造林は急速に進み, 昭和 40 年代終わりまでに全国で約 1000 万 ha の造林地

が作られたのである.

　昭和50年ごろから林業の採算性が悪化の一途をたどってきた. この間, 森林計画制度はその運用をとおして「助長的」な性格を次第に強め, 民有林における人工林の植栽から下刈り, 間伐など一連の手入れに補助金を交付して経営者を支援してきた. これは, たとえ手入れ費用の5割を助成したとしても残りの5割を森林所有者が自己負担することによって自分の財産という意識をもたせ, 林業経営をとおして森林整備を進めるという考えかたをとってきたためである. しかし今日, 林業が「儲かる」時代は終わりを告げた. 一様な助成による支援も限界になりつつある. それは同時に, 森林所有者が林業経営を通じて自発的に造林し資源造成・森林整備を進める動機づけの根本の部分が揺らいでいることを意味する.

　しかし林業が儲からなくとも, 森林に課せられた多面的機能発揮の役割はなくなることはない. 2001（平成13）年に改正された森林・林業基本法では, 林業の振興とともに森林の多面的機能の発揮が二本柱として掲げられており, 一般市民の森林に対する期待はむしろ木材の安定供給よりも多面的機能の発揮に重心を移している.

　今後の森林管理の基本方針としては, 比較的採算性のよい林地では従来通り林業経営を通じて森林の多面的機能を発揮させていくとしても, 林道から遠く生産力が低くて採算の取れない林地は環境林として公共の管理に委ねていくことにならざるをえないであろう.

　人工的に植栽した森林はある程度の年齢になるまで, 間伐など人為的管理が不可欠である. 上記のような環境林では, やや強い間伐を行なって林内を明るくし, 植栽木の間にさまざまな種類の樹木が自然に侵入しやすい状況を作ってやるなどして人手のかからない森林に誘導していく育林管理技術も必要となろう. 林業経営を続けていく人工林でも, 多少の助成は不可欠である. 両者を含め, 森林管理には公的資金が必要である. 負担の形態には税による（水源税などの目的税あるいは一般財源を含む）か, 地域ごとの基金による方法などが考えられようが, いずれの場合も広く国民的な合意が不可欠である.　　**（白石則彦）**

問い2　誰が森林を管理するのか？

A1・森林管理の主体

　日本の森林管理の担い手は誰かという質問に端的に答えるのはそう易しいことではない．というのは，林地の所有者ばかりではなく森林経営の計画を作成する人，実際に作業を実施する人，資金を提供する人なども森林管理に関わる主体として考慮しなければならないからである．

　国有林の場合は，林野庁およびその出先機関である森林管理局が計画を作成して管理の責任を負い，林業労働者が実際の作業を実施する．そして森林管理の費用は国家予算のなかの一般会計および特別会計からまかなう．公有林の場合，かつては入会林野として地域社会が共同で管理してきたが，現在では都道府県および市町村の予算を使用し，林務担当部局が管理している．実際の作業をするのはやはり林業労働者である．

　私有林の場合は基本的に森林所有者（林家）が管理してきた．しかし，立木（森林に生育している樹木のことで「りゅうぼく」と読む）の伐採および搬出を担うのは，地元の素材生産業者および森林組合の作業班である．また，造林作業や枝打ちなどの育林作業は森林所有者自ら，あるいは森林組合の作業班が実施する．

　しかし，林業生産活動と山村社会が崩壊寸前までに追いこまれ，1990年代のなかば以降から新たな主体が森林管理に関わるようになってきた．森林管理の主体に関わる最近の動向を簡単にみてみよう．

　第一に，都市生活者がUターンやIターンなどによって林業労働に新規参入するようになった．このようなU・Iターン林業労働者が山村に定住する条件が整えば森林管理の担い手として一定の役割を果たすことが期待される．第二に，やはり都市生活者がボランティア活動で枝打ちや間伐などの林業活動に関わるようになった．当面は，林業生産活動としての側面と参加者にとってのレクリエーションとしての側面とをいかにして調整させるかを探る試行錯誤が続きそうである．第三に，森林ボランティアが都市近郊の里山（特に広葉樹の里山）の管理に関わる場合には，新住民・旧住民および行政による協力がみられ，参加者にとってのレクリエーションと森林保全とがうまく調和しやすいよ

うである．第四に，人工林の管理や里山の管理に対して補助金など公的資金が
投入されたり，河川の下流にある自治体が上流の自治体に対して森林管理の補
助を行なうことは，資金面で広く国民が森林管理に参加していることを意味す
る．第五に，都市に居住する森林所有者が継続して増えている．そのような場
合は森林の管理それ自体を森林組合に委託する必要が生じる．

　単純化してみると，所有者による管理が弱体化するにつれて，林業関係者の
みならずさまざまな主体が森林管理のために資金と労働力を提供するようにな
ったといえる．　　　　　　　　　　　　　　　　　　　　　　　（井上　真）

A2・森林管理のなかのボランティア活動

　日本国内の森林が，手入れ不足で荒廃しているといわれている．森林に関心
を抱く人びとが手入れ不足を憂慮する森林は大別して2種類ある．それらは戦
後造林して採算がとれなくなり，比較的最近になって十分な管理が行なわれな
くなった人工林，そして戦後燃料革命によって薪炭採取が行なわれなくなり放
置された里山の二次林である．所有者があるにもかかわらず省みられなくなっ
たこれらの森林は，それぞれ「放置」の背景も意味あいも社会的影響も異なる．
前者はいまだ間伐など手入れの必要な森林であり，適切な管理がなされなかっ
た場合，森林の多面的機能が損なわれるおそれがある．後者の里山二次林は，
かつて薪炭採取に利用されていたころとは異なった樹種構成や林相を呈するよ
うになり，人との関わりのなかで形成されてきた独特な森林の様子が失われる
として，歴史的・文化的視点から憂慮する声が強いようである．

　こうした森林の現状に対し，最近各地で森林を利用した各種ボランティアグ
ループの活動が活発化している．あるグループは里山の豊かな自然を守るため，
下草の刈り取りや自然観察会などを実施している．参加は会員のみならず一般
市民にもオープンである．また別のあるグループは炭焼き体験や間伐など森林
の手入れを行なって森林や林業への理解を深める活動を行なっている．全国に
数百はあると推察されるこうしたグループは，きわめて多様な規模，構成メン
バー，目的のもとで活動を行なっている．多様ではあるが典型的な姿を描くな
ら，それらの大半は設立して数年以下しか経過しておらず，活動する森林は大
抵決まっている．その森林はリーダー自身が所有するものか，またはリーダー

と親しい森林所有者が好意で提供していることが多い．会員や参加者の多くは都市住民であって，はじめボランティアグループの企画するイベントなどをきっかけに会員に誘われ，炭焼きや森林の手入れなど非日常的な行為に興味を感じて参加を思い立つが，実際に参加してみると，作業を通じて野外で体を動かすことの充実感を味わったり，参加者相互の親睦が深まったりするという副次的な便益を感じるケースが多い．一度楽しさを体験した参加者は，つぎの機会に家族や友人を誘うことも多く，この勧誘の連鎖が森林ボランティア活動の裾野を広げている理由のひとつと考えられる．活動が長続きしている事例では，それが森林・林業のためというよりは参加者の個人的楽しみを優先させている場合が多く，また活動全般の活性度や性格づけはリーダーの資質に大きく依存しているのが特徴である．

　こうした森林ボランティアグループの活動は，現時点でマクロにみて森林管理の担い手として森林・林業のなかに位置づけられているとはいいがたい．その最大の理由は，そうした活動がカバーできる範囲がきわめて限定されており，またその限定的な活動すらボランティア活動という性格上「計算」することができないためであろう．ただし個別の事例において，たとえば地域の特定の森林管理にボランティア活動が貢献することは十分ありえることである．しかし，むしろ森林ボランティア活動の意義は，森林・林業に関する記述が小中学校の教科書からほとんど消えたいま，彼らはそれらに関する知識を体験的に身につけた数少ないよき理解者である点にあるといえよう．日本林業は価格において輸入木材に対する競争力を失ってしまったが，日本国民がただ安くてよいものを買うという「合理的な消費者」から，国内外の環境も考えて購入する商品を選択するという「賢い市民」に変わっていくための発端として，そうした森林・林業の理解者に期待している．　　　　　　　　　　　　　　　　（白石則彦）

問い3　森林は経済的に成り立つのか？

A1・林業の採算性と今後の林業経営

　本書のなかでも述べられてきたように，今日の日本林業は深刻な構造的不況に見舞われている．安い外材が大量に輸入される結果，国内市場における木材価格は30年前と同程度の水準に低迷している．この間に労働コストは3倍以上にも上昇した結果，林業の採算性はきわめて厳しいものとなっている．最近では人工林を間伐しても間伐材価格が間伐費用を下回ることは珍しいことではなくなり，また皆伐しても再造林せず林業を放棄するケースが各地で発生している．林業の衰退は単に一産業だけの問題にとどまらず，国土の保全など森林の多面的機能の発揮にも影響を及ぼしかねないため，重要な課題である．

　本書の第4章で森林認証制度による森林環境の保全を取りあげたが，森林認証制度には地域における林業振興のツールとしての期待も高まっている．

　森林認証の取得が林業の振興に結びつく理由として3つの要因が考えられる．第1は，資源管理者による集団認証取得を通じた経営規模の拡大である．FSCの森林認証制度には企業など各経営体を対象とした個別経営の認証と，資源管理者が小規模な森林所有者を集団化して管理することに対する集団認証があり，日本の場合には今後，後者の認証取得事例が増えていくものと見こまれている．経営規模の拡大により，地域として計画的で安定した木材生産が可能となるので，加工・流通部門や需要者にもよい影響を及ぼすと考えられる．第2は，認証の取得による経営の合理化である．森林認証は環境と社会のみならず経済についても高水準な経営活動の実践を求められるので，取得した経営体は結果として企業的で合理的な経営体質が備わっていく．第3は，加工・流通に関わる林産業者らと一体となった商品開発，流通改革，販路拡大が可能となることである．認証材を認証材として流通させていくためには，木材を扱う中間の加工・流通業者も認証材が非認証材と混じらないことを保証する「管理の連鎖の認証（CoC認証）」を取得していなければならない．認証材は当面供給量の限られた商品であるので，業者は互いに「顔の見える」関係を保ちながら取引することになる．それは結果として流通経路の短絡化によるコスト削減に結びつくとともに，需要者のニーズが生産者に反映されやすくなり，生産・加工・流通が

一体的に機能して付加価値を高めることが可能になると期待される.

　林業における林地の所有と経営の分離による規模の拡大,企業的経営,加工・流通部門との連携という3つの課題は,日本林業が近代化するために以前から指摘されていたことである.そしてこれらは,1990年に導入された「流域管理システム」の目指すところとかなりの部分で重なるものである.流域管理システムは,川上(林業)と川下(加工流通)の一体的取りくみなどが盛りこまれ,理念は立派であったが,それを実践していくための駆動力(インセンティブ)に欠けていた.森林認証制度は流域管理システムと同じ目的に対し,マスコミの宣伝,ロゴマークによる差別化,価格プレミアムへの期待などのインセンティブを伴っており,地域林業振興のツールとしての要素が備わっている.しかし森林認証制度も,製品の差別化が原動力となっていることが示すとおり,日本のすべての森林を現状の窮地から救うことはできない.

　今後の森林管理のありかたとして,成熟した森林資源を有する意欲のある森林所有者が林業経営を続けていくことに対しては,引きつづき助成していくことが不可欠であろう.一方,後継者不在,意欲低下,立地条件が悪く明らかに不採算などなんらかの理由で林業が成立しない森林は,公的管理に委ねていかざるをえないであろう.多面的機能を発揮させるための合理的なゾーニング手法など技術的な支援もますます重要になっていくと考えられる.　　　　**(白石則彦)**

問い4　森林の教育利用はどうすれば成功するか?

A1・フィールド教育の考え方

　森林の教育面での利用を考えるとき,教育を担う人材として二側面の能力や資質が要求される.第一の側面は,当然のことながら森林・林業に対する深い理解と,教育への強い気持ちである.伝えるもの,伝えたいことが希薄であれば,森林教育はありえない.森林に生育する動植物や生態系のしくみに関する知識や理解が豊かであること,そして林業をはじめとする森林と人びとの暮らしとの関係などについて,伝えたいという欲求が強いことが第一条件である.

　しかし,これだけでは十分ではない.長年,地域林業の担い手として山で働いていた人は,教育という面でも重要な存在であることは間違いない.しかし

ながら，地域の森林や林業に関して詳しいというだけでは森林教育に十分な人材であるといえない．森林教育に必要な第二の側面として，伝え方に関する技術の問題があげられる．つまり教育法，教授法という点でも優れた技術を有した人材である必要がある．実はこの点がまだ十分に理解されていないように思われる．

　教育も一種の「技術」である．少なくとも小学校から高校までの教員は教えるための免許が必要であり，その取得に向けて教授法を学ぶ．森林におけるフィールド教育においても，子どもたちに面白く要点を伝える技術，興味を抱かせる技術が必要である．そしてフィールドにおける教育技術は，室内での教育技術とは異なっている．小・中学校の教員もフィールドにおいては必ずしも優れているわけではないという声を聞く．野外での環境教育のスペシャリストによると，小中学校の担任教師が通常の授業と同様に対応すると，自然に対して開きかけた子どもたちの心を引きもどしてしまうことも多いということである．いずれにせよ森林をフィールドとしながらも，あくまで教育活動であり，野外教育独自の専門的な技術が必要である点を十分に認識しておく必要がある．

　また，森林教育の場として継続的に利用していくためには，経済面での効果に関しても念頭に置いておく必要がある．森林教育プログラムを有償で提供し，それを森林管理にフィードバックするしくみの構築を常に視野に入れて進めていくべきであろう．森林を教育の場として活用していくにしても，良好な状態に森林を管理する費用をいかに捻出するかは大きな課題であることに変わりはない．

　現代の日本においては，「教育」に対する支出への抵抗は少ない．特に，子どもを抱える親は教育費に関する出費は惜しまない．したがって環境教育や自然教育に最適なフィールドとして管理するうえで費用が必要であることについて十分な説明さえ行なえば，フィールド管理に要する費用を組みこむことも可能であると考えられる．また，優れた林業技術者のなかにも，後進あるいは都市部の子どもたちに山仕事で培った技術や知恵，知識を伝えたいとの欲求を強く抱いている方も少なくない．

　いずれにせよ，「教育」は今後の森林の活用や管理を促進するうえで，大きな鍵になると考えられる．人材という側面でも，フィールドという側面でも，

「教育」に適した環境や技術を整えていく必要があり，それに向けて方針や計画を検討する必要がある．　　　　　　　　　　　　　　　　　（下村彰男）

問い5　人工林の造成は良いことだったのか？

A1・1000万haの人工林の今日的評価

　日本の戦後の人工林は歴史的所産である．山地の平均傾斜が25度以上という国で，半世紀も満たずして国土の4分の1に相当する1000万haの人工林が出現したのは，人類史上かつてない奇跡である．そしていま，木材の世界市場の荒波に揉まれて瀕死の状態にある．

　現在，伐採量を差しひいた日本の年間の蓄積増加は7000万 m^3 に達し，この資源内容を維持でき，収穫にあたって地形条件を克服できるならば，将来，巨木の森林国，木材輸出国となることも夢ではないだろう．このような森林があることを国の宝にしていかなければならない．

　植林した森林も，人間側の都合で目的，用途が変わっていく．デンマークでは荒野に針葉樹のノルウェー・スプルース（ドイツ・トウヒ，学名 *Picea abies* (L.) Karsten）の人工林を造成し，気候を穏やかにし，農作を可能にした．いまそのスプルースを長い年月をかけて広葉樹林に誘導しようとしている．本来デンマークは広葉樹が豊富な地域であった．また19世紀に艦船用材に植林したナラが大木となり，本来の目的に使用されずとも，家具材などとして利用され，いまや同国の美的景観を形成している．針葉樹人工林を先駆けたドイツ林業の影響が強い中部ヨーロッパでも，人工林をどのようにして自然に近づけていくかの研究がさかんにされはじめている．

　日本の針葉樹人工林は建築用材としてのポテンシャルは相当に高く，水土保全機能など，傾斜地に存在すること自体の環境的価値もはかりしれない．建築用材としての利用が少なくなっても，紙の原料調達，あるいは燃料材としての使用など，その用途をめぐって循環再生資源である木材を私たちのライフスタイルのなかに活かしていくこと，それが森林，人工林へのロジスティックス（後方支援）となる．今後この方面の研究，政策が重要になってくる．レクリエーションや森林体験，自然観察の場として，人工林に多面的機能をもたせて

いくことも必要である．　　　　　　　　　　　　　　　　　（酒井秀夫）

A2・国有林における「森林経理学論争」

　昭和30年代なかば，日本が「戦後」を払拭して経済成長するのと歩調をあわせて，木材需要も高まっていた．当時まだ為替も1ドル360円の固定レートで外材の輸入量は限定的であったため，国産材価格は上昇した．新聞などマスコミは「国有林は国民経済の安定のため木材を増産せよ」という論旨の社説を展開した．国有林を管轄する中央官庁である林野庁は，こうした世論を背景に，当時進められていた拡大造林（薪炭を採取していた広葉樹林を皆伐して，跡地にスギやヒノキの人工林を造成する）政策と連動した木材増産計画を打ちだした．

　その根底となる考えかたは，成長量の低い広葉樹林を伐採して成長の旺盛な人工林に転換すれば将来成長量の増大が期待できるので，これを「見こみ成長量」として別な森林から余計に伐採してもよいとするものであった．これにより伐採量が現実の成長量に制約されることが事実上なくなった．日本各地の営林局・営林署では，これまで人手の入ったことのない奥地・高海抜地の天然林を「老齢で過熟な森林」と称してつぎつぎに伐採し，その跡地に人工林を植栽していった．

　国有林のこうした経営行動に対し，研究者らは強く異議を唱えた．その先頭に立って林野庁の行政官らと論争したのは東京大学森林経理学研究室の嶺一三（みねいちぞう）教授であった．「林業は植林してから収穫できるまで長期間を要する産業であり，将来にわたって安定的に木材を供給する使命がある．成長量を大きく超える伐採はしてはならない．」この考えかたは「保続」といい，古くから林業経営の根本的原則と考えられていた．この意見に林野庁側は，「もし成長量を超えて伐採しても跡地に植林すれば林業の継続性は確保される．林業も近代的な企業的経営を追求すべきであり，もはや古い森林経理学は無用である」と反論した．

　研究者や行政官を主な読者層とする機関誌『林業経済』上で交わされたこの論争は，「森林経理学論争」と呼ばれた．嶺教授も譲らなかったが，勢いは木材増産の世論を味方につけた林野庁側にあった．この結果は，放蕩息子が先祖

代々の資産を食いつぶすがごとく，国有林に残されていた奥地天然林の貴重な森林資源の大半をわずか20年ほどでほとんどすべて伐り尽くすこととなった．秋田スギ，屋久スギ，木曾ヒノキなど有名な天然林もほとんど伐採され，いまは学術参考林などの形でごく一部が残っているにすぎない．さらに当時植栽した人工林は，もともと人工造林に適さない高海抜地等も多く含まれていたため，まともな森林が再生できず広大なササ原になっているところも少なくない．

　奥地・高海抜地を多く抱える国有林に関しては，目先の収益を求めた増伐計画と拡大造林政策による人工林への転換は，一部で当初の目的を達したとしてもその代償として貴重な天然林を失ったという点で，明らかに誤りであったことを歴史が証明した．森林経理学論争はまた，森林の管理に関して資源の持続性の確保すなわち長期的な「計画」と，さまざまな状況のもとでだされる「政策」の関係を問いかけることとなった．　　　　　　　　　　　　　　　（白石則彦）

問い6　外材輸入は良いことか？

A1・日本林業の保護の視点から

　日本林業の振興にとって，外材輸入による国産材消費量の低下は重大な障害となっている．価格の安い外材を輸入することが消費者の利益につながるという意見もあるが，外材と国産材の価格差はわずかである．たとえば国産材の用途の主要な部分を占める住宅建築用の柱材で比べると，$1\,m^3$あたり2000～3000円，住宅1棟分にしても数万円にすぎない．家は高価な買い物であるとの印象が強いが，家の価格に占める木材価格は木造住宅でも15%以下である．外材，国産材のいずれを使っても大きな差額が生じることはないのである．

　国産材がシェアを次第に低下させていった原因は，そのわずかな価格差とともに，生産・加工・流通の各過程の小規模・分散性にあったと考えられる．かつて住宅は地元の大工・工務店が1年近くかけて建築することが普通であり，この間，木材は自然に乾燥するので未乾燥材でも問題なかった．しかし長い工期は住宅価格に占める人件費を高め，労働生産性を低下させることになるため，高度成長期に住宅需要が高まると工期の短縮を目指したのは当然の成りゆきであった．外材は大きなロットで輸入されるので，計画的に輸入すれば品質の整

った規格品が必要なだけ揃うというメリットがあり，大手ハウスメーカーを中心に普及していった．さらにツーバイフォー材を使ったパネル工法などは，輸入外材と建築方法がリンクしており，こうした住宅の普及によって外材のシェアは着実に増大していった．

　これまで本書のなかでも述べられているとおり，日本では国内の木材需要の大半を自給できるだけの人工林が造成され，早い時期に植えられたものはそろそろ成熟期を迎えつつある．また日本の森林・林業政策は一貫して林業の振興をとおして森林の多面的機能を発揮させるという考えかたに立って進められてきた．国内の木材需要の多くを国産材でまかない，もって森林の機能も維持・昂進させていくことは，国民全体の利益にもかなっているのである．国産材消費を促す手段として，国産材を使った住宅を建築した場合に施主に外材との差額を助成する方法が考えられる．これはおそらく森林側に補助金を投入するよりも総合的にみて効率のよい方法である．なぜなら出口の国産材需要を直接確保することにより，生産から流通加工，消費に至る流れがつながり，それらすべてがうまく回っていくことが期待されるからである．これに対して林業だけを助成しても間伐した木材が流通しないなど抜本的問題解決には結びつかないと思われる．以前ならこうした市場を優先した助成は森林資源の持続性に悪影響を及ぼす恐れがあると考えられていたが，林業が低迷する今日では杞憂であろう．しかし輸入品を狙い撃ちするこのようなタイプの助成を国レベルで行なうことは WTO（世界貿易機関）の取り決めに抵触する恐れがあり，また地方レベルでも縦割りされた行政（林業助成は農林課，住宅助成は商工課など）がこうした助成を困難にしている．　　　　　　　　　　　　　　　　（白石則彦）

A2・循環型社会の観点から

　国際化の時代といわれる．経済や情報，そして人の移動が地球規模化し，商品も国際的な取引がごく一般的になってきた．しかしながら一方で，「もの」が地球規模で移動するようになり，生態系や遺伝子の攪乱といったマイナス面も指摘されている．

　その一環である木材の輸入も大きな規模になり，いまや日本の木材の8割が外国からの木材に依存するようになってきた．これは，日本が，国土面積の3

分の2を森林が占める森林国でありながら，傾斜等の土地条件，人件費などの関係から，国産材の国際競争力が弱いためである．ライフサイクル・アセスメントという観点から考えれば，輸送エネルギーが必要な外材を海外から持ちこむことは，余分なエネルギー消費であるし，アジアをはじめ熱帯林諸国からの木材輸入は世界的な森林減少問題にも抵触しているといえよう．そして一方で，林業の不振から国内の多くの森林には管理の手が入らなくなり，荒廃が進みつつあることが問題になっている．国産材の利用が促進されれば，この点に関する環境問題は大きく解消されるが，市場経済の原則がそれを阻んでいることが現状である．

　バイオマスは人工的な化学物質などとは異なり，本来，循環的な物質である．しかしながら地球規模で収支が合えばよいというものでは決してないであろう．バイオマスに関しても，生産の場所と消費の場所が極力近接することが望ましいことは言うまでもない．環境問題は地球規模に広がってはいるものの，循環の問題としてとらえるならば，基本的に「地域」の問題として考えていく必要があろう．環境の問題を考える際に，空間スケールに関する議論はあまり行なわれていないが，エネルギーやバイオマスの循環を，どの程度の空間スケールで考えるかは，実は大変重要なポイントである．つまり，あるスケール，ある地域のなかでバイオマスが循環しないかぎり循環の意味は半減するといっても過言ではない．つまりバイオマスの循環という観点からは，「生産」と「消費」を一定の地域内で循環させることが重要であり，物質を分解したり再利用するということのみが循環型社会の考えかたではない．

　いずれにせよ，経済社会では一般的と考えられることも，環境，特に循環型社会という観点から考えると「是」ではないことに留意する必要がある．経済面での循環のみを是とする考えかたでは，環境面で歪みを生ずることになる可能性が高い．「経済の循環」と「環境面での循環」とが大きく食い違う社会になってきており，両者のバランスを取っていくことが重要になると考えられる．

　競争を是認する市場経済の原則の下では，国際間の経済格差を最大限に活用したものや情報の流通は肯定される．しかしながら，そのことがさまざまな環境問題を引きおこしていることも事実である．この両者の調整は容易に結論がでるとは思えない．つきつめれば，文化（地域文化）と文明（近代科学文明）

の問題に行きついてしまう．近代においては，科学技術の進歩に伴い社会が豊かに発展することが無批判に前提となってきたが，ここへ来て，技術倫理の問題が強い関心を集めるようになってきた．現時点ではまだまだ抽象論に終始してしまうが，地域において物質やエネルギーを循環させる技術やシステムを少しずつでも現実化させながら，この根本的な問題を議論していく必要があると考えている．　　　　　　　　　　　　　　　　　　　　　　　　（下村彰男）

A3・環境と貿易の視点から

1991 年にブラジルのリオデジャネイロで開催された地球サミット（UNCED）で合意された「森林原則声明」には環境と貿易に関してつぎの内容が盛りこまれている．①森林の保全と持続可能な発展を達成するため，市場の力学とメカニズムへの環境的費用と便益の算入が国内的にも国際的にも奨励されるべきである．②林産物の貿易は，国際貿易および諸慣行と合致し，非差別的かつ多国間で合意された規律および手続きにもとづくべきである．

　これは，経費節約ばかりを考えた略奪的な森林伐採ではなく，環境保全を考慮してそれなりのコストを投入する持続的な森林経営がなされるべきであること，および持続的な経営がなされていない森林から産出された木材は貿易の対象としないという合意が多国間で成立する可能性があることを意味する．つまり，林産物の自由貿易は持続的な森林管理など環境保全上の要件が満たされる範囲内で認められるべきであるというのが世界の合意事項であった．

　一方，1995 年に発足した WTO（世界貿易機関）は，自由貿易を進めるため貿易を阻害するような制限を取り除こうとしている．WTO は「WTO は環境政策が貿易に与える影響を扱う機関であり，貿易が環境に与える影響は多国間環境協定（MEA : Multilateral Environmental Agreement）で扱うべきである」との立場をとっている．つまり，林産物貿易が森林の持続可能性に与える影響の制御のためには，森林版の MEA が必要なのである．

　森林版 MEA に関する動きとして位置づけられるのが，「森林原則声明」を契機として現在まで継続している森林条約の策定へ向けての国際的取りくみである．しかし，国連の持続可能な開発委員会（CSD）に設けられた「森林に関する政府間パネル（IPF）」，および「森林に関する政府間フォーラム（IFF）」

を経て常設機関として設置された「国連森林フォーラム（UNFF)」に引き継がれた議論では，貿易自由化の推進が森林の持続可能な管理を高めるといった論調が色濃く打ちだされている.

　上記のように WTO があくまでも貿易機関としての立場を明確にしている以上，森林に関する多国間協定では持続可能な森林管理を第一目的とした枠組みにすべきであろう（島本美保子（2002)「林産物の自由貿易と森林の持続可能性」『林業経済』639号，pp. 12-21). 私としては木材生産地での森林が保全されるという条件付きで外材輸入を認める，あるいは持続的な管理がなされている森林から産出された木材だけを貿易の対象とするような制限をつけたうえでの外材輸入がよいと考えている. しかし，客観的に答えるとするならば，①環境を重視する立場からすると，自由な外材輸入は好ましくない，②しかし，自由貿易を推進する立場からすると好ましいことである，③そして，現状では自由貿易の立場の方が優勢であるが，最終的な判断は国際政治の動向によって決められる，ということである.　　　　　　　　　　　　　　　　　　　　　　　　（井上　真)

エピローグ　森林環境学とわたし

森林作業研究を通じて ———————————————— 酒井秀夫

地球に人類がいなければ，陸地の大部分は森林，というよりもはや樹木で覆われる，といったほうが，その無機質的なイメージにふさわしいかもしれない．森林に人間が関わることによって，樹木群が森林としての輝きを増すという面もある．

どの学問分野もそうであると思うが，森林はわからないことだらけで，どこまでわかったのかもわからない．大雑把なようで，極めて非常に繊細なところがある．定説が覆るような発見がまだまだ潜んでいるかもしれない．

林業という職業がある．林業という経済活動のアウトプットは森林，環境にフィードバックされていく．持続的という言葉のなかには社会に対する責任，ひいては国際的責任も含まれている．林業が単に生計をたてていく手段ではないということがわかると思う．自分の専門とする森林作業研究は，経済的にも，生態的にも，社会的にもそれぞれ要求される事項をテクノロジーとして解決していかなければならない．

わたしは林業の現場に出かけるのが好きである．そして現場にはうそがない．行くたびに自分の進歩に応じた発見がある．幾世代にわたる林業の経験の蓄積には大変なものがあるが，理論で実際の説明がつき，予測が可能になり，最適な対処が可能になり，個々の現場でそれが生かされ，そして大きな政策として実社会に還元されるときがある．研究の意義が認められたことであり，研究に携わって報われるときでもある．理論で一つの説明がつくと，もろもろのことがクリアーにみえてくる．学問として前進するときである．

海外の林業現場でも，初対面の人とすぐに打ちとけ，専門的な話にはいっていくことができる．森林，林業という共通性が下地にあるからである．海外出張は多いほうではないが，それでも積み重ねるといろいろな国の森林をみることができた．国際研究集会のたびに再会する同学の士もいる．日本の現場を案

内することもあって，そこで感想を聞くことも楽しい．海外の見知らぬ学生や
研究者に出会って，自分の研究が文献やネットを通じて彼らの研究の出発点に
なっていることを知ったときは大いにうれしい．自分の研究が地球の裏側で花
を咲かせていることになる．

森林環境学から社会の動きをみると ———————————— 下村彰男

　大学入学当時，わたしは海洋学の道に進みたいと考えていた．とはいえ，し
っかりした情報のもとに明確な将来像を描いていたわけではなく，船に乗って
航海しながら，海に潜って研究するという映画のシーンのようなイメージを思
い描いていたにすぎない．それが一転して「海」から「山」への宗旨替えを決
心させたのは，当時，生態学が注目されていて，森林生態学に関わるいくつか
の著作を読んで関心をもっていたこともあったが，直接の引き金となったのは，
一つのアルバイトであった．

　それは東京・台東区内の樹木調査の手伝いで，確か胸高の直径が 30 cm 以上
の樹木をすべて地図上にプロットし，樹種と直径を記録していくという仕事で
あった．台東区の腕章をつけ，公園や街路樹はもとより，各家庭を訪問して該
当する庭木に関して調査を行なった．なかなか大変な調査で，担当の地区内を
歩きまわり，高木を確認しては直径を測り，該当する樹木を記録していった．
調査のために人の家の庭をのぞきこんでいて，腕章をつけた不審者がいると区
に問いあわせがあったこともあとで聞いた．区からは調査会社に業務が委託さ
れており，調査担当の方に，何をするための調査かを聞いてみたが，よくわか
らなかったことを覚えている．いずれにせよ，都市の緑を扱う職業があること
を知ったのは，そのときが初めてであり，軽い驚きであった．そして，都市や
自然地の「緑」を扱う学問があることも知って，先述した森林生態学への興味
とあわさって，当時の「林学科」へ進学することにしたわけである．

　しかしながら，当時の林学科は，名前からも察せられるとおり，いわゆる林
業として実施される森林管理に関わる現象や技術の考究が中心であった．一方
で，林業の一環として展開される森林の伐採と自然環境の保護問題とは対立的
に認識されることが一般的であり，わたし自身のなかでも，自分がやりたいと

考えていた生活の場としての緑の存在や管理の問題と，経済行為としての森林管理とは相容れないという意識が強かった．わたしが，森林風致計画学，つまり景観やレクリエーション活動という，人の営みの観点から森林について考える分野に進んだことも影響して，この違和感を長く引きずることとなった．

　最近，ようやく，従来のように森林を経済林としてのみ運営することが難しい状況になってきたことや，近代を支えてきた産業社会，市場経済，国民国家といった社会の枠組みが見なおされるほどの大変革期を迎えていることによって，わたしの違和感は解消されつつある．いまでは，生活の場としての緑の環境や景観の保全・管理を地域づくりに活かし，経済循環をも組みこんだ新たな地域運営のしくみを創出することを目標として研究調査活動を行なっている．経済的な側面にも配慮した自然環境の保全・管理のしくみのイメージを明確にすることで，今後の地域像，社会像を提示したいと考えている．

　しかしながら，かつてわたしが驚いた状況は，実はいまでもあまり変わっていない．つまり，自然環境や緑の保全に対する意識はますます高まっているものの，わが国の国土の多く（7割）を覆っているのは二次的な自然環境であり，そうした二次的自然環境の保全には，森林などの伐採を含め人手を入れて管理することが必要であることを理解している人は多くないように思う．ましてや，そうした自然環境の計画や管理にも技術があり，技術者集団が存在するとともに，そのありかたを考究する学問分野が存在することを知っている人は極めて少ないのではないだろうか．

　したがって，二次的な自然環境の保全には，人の手を入れることが必要であり，そのための技術，労力，そして何より費用が必要であることを，できるだけ多くの人に知ってもらう努力をすることも現在のわたしの目標の一つである．少なくとも，都市の公園や緑に対して，枝を落としたり伐採したりといった管理の手を入れると，「自然破壊だ」と役所にクレームが寄せられるといった状況は変えていきたいと考えている．こうした（原生）自然の保護偏重の考えかたは，むしろ自然を人びとの生活から切り離してしまうことと表裏一体の問題である．国土の自然環境の保全や管理は，われわれ一人ひとりの問題であることを認識してもらい，主体意識をもってもらうこととこそが，自然とのふれあいを促進し，自然との共生をベースにした新たな生活様式や生活文化の醸成，真

に豊かな生活の実現に結びつくと考えている.

実物大の実験のプレーヤーとして ———————————— 白石則彦

　わたしが森林認証に関わることになったのは,ふとしたきっかけからであった.1999年春,WWFジャパンの森林保全プロジェクト担当者がわたしの研究室を訪れ,森林認証の審査員講習を受けてみないかと誘いを受けたのである.そのときの彼の話によれば,日本でもFSCの森林認証制度を普及させていくので,森林のさまざまな分野の研究者・実務者に講習を受けてもらい,専門家として登録しておきたいということであった.そのころ海外ではすでに複数の森林認証制度が活発に動いていた.日本国内でもWWFやグリーンピースなど国際的な環境団体の日本支部が普及活動をはじめていたが,わたしにとってそれはNGOやコンサルタントの興味の対象という認識であって,必ずしもはじめから研究上の問題意識をもっていたわけではなかった.しかし好奇心もあって,取りあえず講習を受けることにした.こうして2日間の講習を受け,さらに実際の認証審査まで引きうけることになり,はじめはちょっとかじるつもりがどっぷりと森林認証の研究に浸かり,今日に至っている.

　森林認証制度は比較的新しいトピックとはいえ,すでに現場で動いているものであるから,客観的な審査を実施したり日本独自の認証基準を作るという視点から捉えるなら,それは非常に技術的な問題である.実際,すでに世界各地の森林で数千件を越す審査が実施され,各国の基準もいくつか開発されている.しかし森林認証制度に関する理解が進むにつれて,それはもっと複雑な内容を含み,かつ世界の木材貿易や日本の林業に強い影響力を及ぼす可能性を秘めたものであることが次第にみえてきた.

　森林認証制度の趣旨は「環境にやさしく社会に受け入れられる森林管理」であるが,この環境や社会への対応にも経営戦略としての要素が多く含まれている.つまり森林認証に積極的に取りくんでいる国や企業は,社会的正義を身にまといながら,したたかにシェアの拡大を狙っているのである.一方,木材を消費する側も認証が主張する社会的正義に反対する理由はなく,むしろ企業や政府はそうした認証製品を使うことによって環境に取りくむ自らの姿勢をアピ

ールするという側面がある．したがって，森林認証制度はひとたび動き始めたら自律的に動いていくシステムであるといえる．

　これは，グローバリゼーションの流れのなかで世界が一つの価値観と力学で動くと考えた場合である．では森林認証を切り口にして日本国内の木材市場や林業をみるとどうなるであろうか．考えられる第一のシナリオは，日本の市場が森林認証制度を認知せず，現在はじめられた活動もやがて下火になり，日本林業にもほとんど影響を与えないというものである．第二のシナリオは，市場が森林認証制度に敏感に反応し，比較的近い将来に認証材以外は受け入れなくなるというものである．このふたつのシナリオは両極端であり，現実はこの中間，すなわち日本市場が森林認証制度をある程度認知し，その結果，認証材と非認証材はある比率ですみ分けながら消費されることになるであろう．認証材を求める比率が高まれば，認証材の供給能力が国産材と外材のシェアに影響を及ぼすことが考えられる．

　今後，日本市場に本格的に森林認証制度が紹介されていくことになるが，どのような形で受け入れられるか予断を許さない．これはまさしく社会における実物大の実験である．本書の読者はまず第4章でいうところの第2の立場＝消費者であり，一部は職業を通じて第1，第3，第4の立場を兼ねることもあろうが，要するにすべてこの実験のプレーヤーである．それぞれの役割を演じながら，森林認証制度の展開を興味をもって見守っていただきたい．

　［関連図書］

　　小林紀之（2000）『21世紀の環境企業と森林：森林認証・温暖化・熱帯林問題への対応』日本林業調査会

　　太田伊久雄，梶原晃，白石則彦（訳編）（2002）『森林ビジネス革命：環境認証がひらく持続可能な未来』築地書館

森との遭遇，そして夢 ―――――――――――――――――井上　真

　わたしは渋谷区代々木上原にあった古い木造2階建ての下宿で学生生活を過ごした．その下宿の経営者は人情深い50歳代のご夫妻だった．ご夫婦は1階の2部屋で生活をし，結婚して独立した子どもさんたちが使っていた2階の4

部屋を，都内の私立大学や国立大学の学生に１部屋ずつ貸していた．各部屋には鍵がなく，トイレは１階に１つだけであった．階段を上り下りすると家全体が大きく揺れた．お風呂はあったが下宿生は近くの銭湯に通った．下駄を履いての銭湯通いが懐かしい．玄関横の四畳半の畳部屋が共用スペースで，皆で一緒にとる夕食および団欒の場となっていた．まさに家族のような温かい下宿だった．

　しかし，緑の山々に囲まれた山梨県で育ったわたしは，入学のため上京した当時，関東平野の広さと緑の少なさにとまどった．秩父山地・関東山地の端から昇って南アルプスに沈んでいた太陽は，ビルの谷間から昇り，そしてビルの谷間に沈んだ．こうして，生活環境の激変のなかで森林の重要性に関心をもつようになり，進学振りわけでは迷わず農学部の林学科を選んだ．これが，森とわたしとの第２次遭遇であり，それ以来森とは離れられない関係になった．ちなみに，わたしと森との第１次遭遇は，子どものころのワラビ取りやキノコ取り，あるいは見知らぬハンターのあとをついて森に入った冒険のような経験である．

　大学４年生のときに国家公務員試験に合格し，森林総合研究所の研究員として採用された．林野庁，山梨県庁，そして総合商社への就職を考えていたにもかかわらず，なぜ研究の道に進んだのか．最大の理由は「１日 24 時間のうち自分でコントロールすることのできる時間が最も長い職種は何か？」という問いが，当時のわたしにとって最も重要な判断基準だったからである．いまは亡き父を含めて，多くの大人たちが命を削って会社のために働く姿がわたしに重くのしかかっていたからだ．もちろん，世の中はそう甘くなく，結局はわたし自身も同じ轍を踏んでいるのだが……．

　第２の理由は，熱帯林の研究に興味をもったからである．わたしは，1980年代初頭にマスコミで報じられたある論争に決着をつけたかった．しばしば感情的な応酬がなされたその論争とは，「東南アジアにおける熱帯林破壊の犯人は商業的木材伐採かそれとも焼畑農業か」というものであった．この問題に対する回答は本文およびコラムで述べたとおりである．考えてみれば，当時は「研究者」あるいは「専門家」として論争に評価を下すといういわば「権威」への憧れもあったのかもしれない．

　しかし，ボルネオ島で3年間暮らすうちに，20歳代後半だったわたしの態度は確実に変わっていった．森の民の豊かな生活，また一方で移住者の苦闘する姿，などをまえにして机上で勉強した理論や知識はあえなく吹っ飛んだ．研究者や専門家が人びとに教えるのではなく，人びとと森との関わりの実態から学ぶことの大切さを知った．そして，ボルネオ島から帰国し，さらに東京大学に転任してからは，JICAなどのODA活動ばかりでなく，東南アジアの開発問題あるいは森林問題に取り組むNGO活動にも関わるようになった．調査対象の人びとばかりではなく，現地に草の根レベルで関わりをもって活動する人びととの交流は，わたしに「専門家とは何か？」，「研究者の社会的役割は何か？」，「何のための研究か？」，「誰のための研究か？」といった根元的な問いについて考えるきっかけを与えてくれた．この問題に対する暫定的な回答は別稿（井上真「越境するフィールド研究の可能性」『環境学の技法』（石弘之編著）東京大学出版会，2002年）を参照してほしい．

　学問分野を超えた共同研究を実施すること，さらに，研究活動を専門家が独占するのではなく専門家と非専門家との共同作業による開かれた研究を実施すること，そして欲をいえばそのような研究を組織化すること．これらはいわば研究面におけるわたしの夢である．

　教育に関しては，わたしは常に学生の良きファシリテーター（側面支援者）でありたいと思っている．すべての研究には独創性・個性があり，ゆえに研究には勝ち負けはないはずである．したがって，論文指導においては学生のやりたいこと，あるいは個性を伸ばすために，いかに効果的なアドバイスを与えることができるかがポイントとなる．画一化，あるいはマニュアル化された教育はそぐわない．そして，なるべく学生と一緒にフィールドへ行きたい．現場での行動や議論は何よりもまして有効な教育だと思っている．

　教育面でのわたしのモットーは，「楽しく，厳しく，温かく」である．学生には森林研究を楽しくやってもらいたい．しかし，社会の一員として厳しく自らを律するべきである．そして，傲慢にならずに正義感をもって温かい心で人と接してほしい．一方で，わたしも学生との交流はこのうえなく楽しい．しかし，もしも学生が他人に迷惑をかけたら厳しく忠告する．とはいえ，学生が最後に泣きついてこられるような温かい駆けこみ寺でありたい．

　こうした教育と研究をとおして，人間と森林とのより幸せな関係に基づく豊かな社会の実現に一歩でも近づけたら本望である．叶わぬ夢かもしれないが，正面を向いて歩きつづけたい．

　職場の先輩諸氏との共著として本書を世に問うことができたのは，私にとって新たな一歩の始まりである．

索　引

執筆者紹介 ［五十音順］

※所属はいずれも東京大学大学院農学生命科学研究科

井上　真（いのうえ・まこと）　農学国際専攻（国際森林環境学研究室），教授.
　主要著書に，『焼畑と熱帯林』（1995 年，弘文堂），
　『コモンズの社会学』（宮内泰介と共編著，2001 年，新曜社），
　『地球環境保全への道』（寺西俊一・大島堅一と共編著，2006 年，有斐閣）
　『コモンズの思想を求めて』（2004 年，岩波書店）など.

酒井秀夫（さかい・ひでお）　附属演習林北海道演習林長，教授.
　主要著書に，『林業工学』（分担執筆，1984 年，地球社），
　『林業機械学』（分担執筆，1991 年，文永堂），
　『森林土木学』（分担執筆，2002 年，朝倉書店），
　『作業道：理論と環境保全機能』（2004 年，全国林業改良普及協会）など.

下村彰男（しもむら・あきお）　森林科学専攻（森林風致計画学研究室），教授.
　主要著書・論文に，『フォレストスケープ』（堀繁らと共編著，1997 年，全
　　国林業改良普及協会），
　『シビック・ランドスケープ』（鈴木誠らと共編著，1997 年，公害対策技術
　　同友会），
　「社会システムとしてのエコツーリズムに向けて」『科学』72（7），2002 年，
　『ランドスケープのしごと』（編集総括・分担執筆，2003 年，彰国社）など.

白石則彦（しらいし・のりひこ）　森林科学専攻（森林経理学研究室），教授.
　主要著書に，『農学・21 世紀への挑戦：地球を救う 50 の提案』（分担執筆，
　　「エコラベルつき木材は森林を救えるか」，2000 年，世界文化社），
　『森林ビジネス革命：環境認証がひらく持続可能な未来』（大田伊久雄・梶原
　　章らと共編訳，2002 年，築地書館）など.

鈴木雅一（すずき・まさかず）　森林科学専攻（森林理水及び砂防工学研究室），
　　教授.
　主要著書に，『森林水文学』（塚本良則らと共著，1992 年，文永堂），
　『山地保全学』（小橋澄治らと共著，1993 年，文永堂），
　『森林科学論』（木平勇吉らと共著，1994 年，朝倉書店）など.

人と森の環境学

2004 年 10 月 20 日　初　版
2006 年 5 月 31 日　第 2 刷

［検印廃止］

著　者　井上　真・酒井秀夫・下村彰男・
　　　　白石則彦・鈴木雅一
発行所　財団法人　東京大学出版会
代 表 者　岡本和夫
113-8654　東京都文京区本郷 7-3-1 東大構内
電話 03-3811-8814　Fax 03-3812-6958
振替 00160-6-59964
印刷所　株式会社平文社
製本所　株式会社島崎製本

人と森の環境学

2019年2月15日　　発行　①

著　者　　井上　真・酒井秀夫・下村彰男・
　　　　　白石則彦・鈴木雅一

発行所　　一般財団法人　東京大学出版会
　　　　　代 表 者　吉見俊哉
　　　　　〒153-0041
　　　　　東京都目黒区駒場4-5-29
　　　　　TEL03-6407-1069　FAX03-6407-1991
　　　　　URL　http://www.utp.or.jp/

印刷・製本　大日本印刷株式会社
　　　　　URL　http://www.dnp.co.jp/

ISBN978-4-13-009137-4
Printed in Japan